由南京大学郑钢基金资助出版

折射集
prisma

照亮存在之遮蔽

L'inconscient esthétique
Jacques Rancière

当代激进思想家译丛
● 丛书主编 张一兵

审美无意识

[法]雅克·朗西埃 著　蓝江 译

南京大学出版社

激进思想天空中不屈的天堂鸟
——写在"当代激进思想家译丛"出版之际

张一兵

传说中的天堂鸟有很多版本。辞书上能查到的天堂鸟是鸟也是一种花。据统计,全世界共有40余种天堂鸟花,在巴布亚新几内亚就有30多种。天堂鸟花是一种生有尖尖的利剑的美丽的花。但我更喜欢的传说,还是作为极乐鸟的天堂鸟,天堂鸟在阿拉伯古代传说中是不死之鸟,相传每隔五六百年就会自焚成灰,由灰中获得重生。在内心里,我们在南京大学出版社新近推出的"当代激进思想家译丛"所引介的一批西方激进思想家,正是这种在布尔乔亚世界大获全胜的复杂情势下,仍然坚守在反抗话语生生灭灭不断重生中的学术天堂鸟。

2007年,在我的邀请下,齐泽克第一次成功访问中国。应该说,这也是当代后马克思思潮中的重量级学者第一次在这块东方土地上登场。在南京大学访问的那些天里,除去他的四场学术报告,更多的时间就成了我们相互了解和沟通的过程。一天他突然很正经地对我说:"张教授,在欧洲的最重要的左翼学者中,你还应该关注阿甘本、巴迪欧和朗西埃,他们都是我很好的朋友。"说实话,那也是我第一次听到这些陌生的名字。虽然在2000年,我已经提出"后马克思思潮"这一概念,但还是局限于对国内来说已经比较热的鲍德里亚、德勒兹和后期的德里达,当时,齐泽克也就是我最新指认的拉康式的后马克思批判理论的代表。正是由于齐泽克的推荐,促成了2007年南京大学出版社开始购买阿甘本、朗西埃和巴迪欧等人学术论著的版权,这也开辟了我们这一全新的"当代激进思想家译丛"。之所以没有使用"后马克思思潮"这一概念,而是转启"激进思想家"的学术指称,因之我后来开始关注的一些重要批判理论家并非与马克思的学说有过直接或间接的关联,甚至干脆就是否定马克思的,前者如法国的维里利奥、斯蒂格勒,后者如德国的斯洛特戴克等人。激进话语,可涵盖的内容和外延都更有弹性一些。这一新的研究领域已经开始成为国内西方左翼学术思潮研究新的构式前沿。为此,还真应该谢谢齐泽克。

那么,什么是今天的激进思潮呢?用阿甘本自己的指认,激进话语的本质是要做一个"同时代的人"。有趣的是,这个"同时代的人"与我们国内一些人刻意标举的"马克思是我们的同时代的人"的构境意向却正好相反。"同时代就是不合时宜"(巴特语)。不合时宜,即绝不与当下的现实存在同流合污,这种同时代也就是与时代决裂。这表达了一切**激进话语**的本质。为此,阿甘本还专门援引了尼采①在1874年出版的《不合时宜的沉思》一书。在这部作品中,尼采自指"这沉思本身就是不合时宜的",他在此书"第二沉思"的开头解释说,"因为它试图将这个时代引以为傲的东西,即这个时代的历史文化,理解为一种疾病、一种无能和一种缺陷,因为我相信,我们都被历史的热病消耗殆尽,我们至少应该意识到这一点"②。将一个时代当下引以为傲的东西视为一种病和缺陷,这需要何等有力的非凡透视感啊!依我之见,这可能也是当代所有激进思想的构序基因。顺着尼采的构境意向,阿甘本主张,一个真正激进的思想家必然会将自己置入一种与当下时代的"断裂和脱节之中"。正是通过这种与常识意识形态的断裂和时代错位,他们才会比其他人更能够感知**乡愁**和把握他们自己时代的本质。③ 我基本上同意阿甘本的观点。

阿甘本是我所指认的欧洲后马克思思潮中重要的一员大将。在我看来,阿甘本应该算得上近年来欧洲左翼知识群体中哲学功底比较深厚、观念独特的原创性思想家之一。与

---

① 尼采(Friedrich Wilhelm Nietzsche,1844—1900):德国著名哲学家。代表作为《悲剧的诞生》(1872)、《查拉图斯特拉如是说》(1883—1885)、《论道德的谱系》(1887)、《偶像的黄昏》(1889)等。
② Friedrich Nietzsche, "On the Uses and Abuses of History to Life", in *Untimely Meditations*, trans. R. J. Hollingdale, Cambridge: Cambridge University Press, 1997, p. 60.
③ [意]阿甘本:《裸体》,黄晓武译,河南大学出版社2015年版,第7页。

巴迪欧基于数学、齐泽克受到拉康哲学的影响不同,阿甘本曾直接受业于海德格尔,因此铸就了良好的哲学存在论构境功底,加之他后来对本雅明、尼采和福柯等思想大家的深入研读,所以他的激进思想往往是以极为深刻的原创性哲学方法论构序思考为基础的。并且,与朗西埃等人1968年之后简单粗暴的"去马克思化"(杰姆逊语)不同,阿甘本并没有简单地否定马克思,反倒力图将马克思的批判精神与当下的时代精神结合起来,以生成对当代资本主义社会存在更为深刻的批判性透视。他关于"9·11"事件之后的美国"紧急状态"(国土安全法)和收容所现象的一些有分量的政治断言,是令西方资本主义国家政要为之恐慌的天机泄露。这也是我最喜欢他的地方。

朗西埃曾经是阿尔都塞的得意门生。1965年,当身为法国巴黎高师哲学教授的阿尔都塞领着整个西方马克思主义科学思潮向着法国科学认识论和语言结构主义迈进的时候,那个著名的《资本论》研究小组中,朗西埃就是重要成员之一。这一点,也与巴迪欧入世时的学徒身份相近。他们和巴里巴尔、马舍雷等人一样,都是阿尔都塞的名著《读〈资本论〉》(*Lire le Capital*, 1965)一书的共同撰写者。应该说,朗西埃和巴迪欧二人是阿尔都塞后来最有"出息"的学生。然而,他们的显赫成功倒并非因为他们承袭了老师的道统衣钵,反倒是由于他们在1968年"五月风暴"中的反戈一击式的叛逆。其中,朗西埃是在现实革命运动中通过接触劳动者，以完全相反的感性现实回归远离了阿尔都塞。

法国的斯蒂格勒、维里利奥和德国的斯洛特戴克三人都算不上是后马克思思潮的人物，他们天生与马克思主义不亲，甚至在一定的意义上还抱有敌意（比如斯洛特戴克作为当今德国思想界的右翼知识分子，就是反对马克思主义的）。可是，在他们留下的学术论著中，我们不难看到阿甘本所说的那种绝不与自己的时代同流合污的姿态，对于布尔乔亚世界来说，都是"不合时宜的"激进话语。斯蒂格勒继承了自己老师德里达的血统，在技术哲学的实证维度上增加了极强的批判性透视；维里利奥对光速远程在场性的思考几乎就是对现代科学意识形态的宣战；而斯洛特戴克最近的球体学和对资本内爆的论述，也直接成为当代资产阶级全球化的批判者。

应当说，在当下这个物欲横流、尊严倒地，良知与责任在冷酷的功利谋算中碾落成泥的历史时际，我们向国内学界推介的这些激进思想家是一群真正值得我们尊敬的、严肃而有公共良知的知识分子。在当前这个物质已经极度富足丰裕的资本主义现实里，身处资本主义体制之中的他们依然坚执地秉持知识分子的高尚使命，努力透视眼前繁华世界中理直气壮的形式平等背后所深藏的无处控诉的不公和血泪，依然理想化地高举着抗拒全球化资本统治逻辑的大旗，发自肺腑地激情呐喊，振奋人心。无法否认，相较于对手的庞大势力而言，他们显得实在弱小，然而正如传说中美丽的天堂鸟一般,时时处处,他们总是那么不屈不挠。人类社会发展的历史已经明证,内心的理想是这个世界上最无法征服也是力量最大的东西,这种不屈不挠的思考和抗争,常常就是燎原之前照亮人心的点点星火。因此,有他们和我们共在,就有人类更美好的解放希望在!

目 录

第一章　弗洛伊德对美学干了什么？ ………… 001
第二章　主角的缺憾 ………… 007
第三章　审美革命 ………… 013
第四章　默然言说的两种形式 ………… 019
第五章　从一种无意识到另一种无意识 ………… 028
第六章　弗洛伊德的修正 ………… 035
第七章　细节的不同用途 ………… 040
第八章　两种类型药物的冲突 ………… 048

第一章 弗洛伊德对美学干了什么？

我不是要谈弗洛伊德的无意识理论在美学领域中的应用。① 我不想谈艺术的精神分析，甚至特别不想谈那些艺术史家和艺术哲学家们从弗洛伊德和拉康的专业那里大量的重要的借用。精神分析理论不属于我研究的范畴，而且，更重要的是，我的兴趣不在这里。我对将弗洛伊德的概念应用到文学文本或可塑多变的艺术作品上不感兴趣。我反而要问，为什么对这些文本和作品的解释，在弗洛伊德分析概念和解释形式的论证中占据着这么重要的战略地位。在这里，我所关心的不仅仅是弗洛伊德致力于研究的几个作家或艺术家的作品，如莱昂纳多·达·芬奇的传记，米

---

① 这个文本最开始是在两次讲座中的报告，即 2000 年 1 月在迪迪耶·科隆福（Didier Cromphout）的邀请下，在布鲁塞尔的"精神分析学院"做的报告。

开朗基罗的摩西雕像，或詹森①（Jensen）的《格拉迪沃》（Gradiva），而且也关心他在论证时参考的各式各样的文学文本和人物角色，如在《释梦》（L'Interprétation des rêves）中多次参考的文本，既有在民族传统文学中有着光辉形象的歌德的《浮士德》，也有与他同时代的作品，如阿尔方斯·都德②（Alphonse Daudet）的《萨福》（Sapho）。

  方法上的颠倒，在这里并不意味着彻底将弗洛伊德的问题头尾倒置来反对他，这是为了追问，例如，为什么他对米开朗基罗的摩西雕像或者达·芬奇的《达·芬奇笔记》（Carnets）尤其感兴趣。同行已经向我们解释，他们认为精神分析之父就是法典的守护者，或解释弗洛伊德混淆了鸢和秃鹫的利害。我的目的不是对弗洛伊德进行精神分析，我并不关心他所选择的文学人物和艺术人物以何种方式对应于精神分析奠基者的分析小说。真正让我感兴趣的是，这些人物用来证明什么，又是什么样的结构让他们可以成

---

  ① 威廉·詹森（1837—1911）：德国作家和诗人。他出生于荷尔斯泰因公国，当时的荷尔斯泰因还不属于德国。早年在基尔大学学习医学，后来搬去慕尼黑和斯图加特居住，放弃了医学而从事小说和诗歌的创造。詹森是那个时代最多产的德国作家，他写了大概150篇作品，其中就包括被弗洛伊德分析的《格拉迪沃》，不过，他的作品大都没有太大影响，他唯一被记住的作品，即《格拉迪沃》也是因为弗洛伊德在《詹森的"格拉迪沃"中的谵妄和梦境》中将里面的主角汉诺德作为精神分析的案例而闻名于世。——译注
  ② 阿尔方斯·都德（1840—1897）：法国作家。他出生于法国普罗旺斯，从17岁开始文学创作，26岁时发表了《磨坊文集》。都德的代表作是其在28岁时发表的小说《小东西》以及短篇小说《最后一课》，带有深刻的爱国主义思想与情怀，都德也因而有了"法国的狄更斯"的誉称。他一生共写了13部长篇小说、1部剧本和4部短篇小说集。——译注

为证据。在最一般的意义上，这些人物证明的是，在看起来没有任何意义的地方，某种东西拥有意义；在某些看起来一清二楚的地方，某些东西却迷雾重重；在看起来平庸无奇的地方，却燃起了思想的火花。这些人物并不是精神分析解释可以用来解释这些文化构造的材料。它们只是一些证据，证明了在思想与非思（non-pensée）之间某种关系的存在，证明了通过某种方式，在感性的物质中可以出现思想，在毫无意义的东西中产生意义，在有意识的思想中产生一些不由自由的元素。简言之，解释"平淡无奇"事实的弗洛伊德博士，已经被他那些实证主义的同伴们所抛弃，他之所以在证明中使用这些"例子"，是因为那些例子本身就是无意识的标志。换句话说，如果精神分析无意识的原理可以系统阐述，这是因为在临床领域之外已经可以找到无意识思想的模式，而且艺术和文学领域可以定义为"无意识"得以运行的特有领域。于是，我的研究带有弗洛伊德理论的方法，并锚定在既已存在的"无意识思想"的架构，即思想与非思的关系之中，我认为最早提出并发展了这种关系的领域就是美学。因此，我把弗洛伊德的"美学"研究解释为在美学思想的范围内标识出精神分析思想痕迹的研究。

本研究计划自然认为，我们会涉及美学本身的术语。我并不认为美学是专门负责艺术的科学或学科的名称。在我看来，美学是一种关于艺术之物的思想模式，它关心的是将艺术之物展现为思想之物。在更根本的层面上，美学是历史上关于艺术的特殊的思考体制和思想观念，根据美学的观念，艺术之物就是思想之物。众所周知，将"美学"一词用在艺术思考上是最近的事情。一般来说，美学的谱系起源指向了 1750 年出版的鲍姆加登[①]（Baumgarten）的《美学》（*Aesthetica*）以及康德的《判断力批判》（*Critique de la faculté de juger*）。但这些标示性的东西异常模糊。对鲍姆加登来说，"美学"一词事实上并不是关于艺术的理论，相反，它涉及的是感性知识的领域，涉及的是清晰但"模糊"或不明确的知识，它对立于清晰而明确的知识，即逻辑学。在美学发展谱系中，康德的地位也是有问题的。当康德从鲍姆加登借用了"美学"一词，将其用于感性形式的理论中，事实上，康德拒绝赋予这个词意义，我们知道，感性观念是"模糊"的知识。对康德来说，我们不可能将美学看成不明确知识的理论。事实上，《判断力批判》并没有将美学视为一种理论，"审美"仅仅是一个形容词，它决定的是判断的类型，而不是一个对象领域。只有在浪漫主义和康德之后的唯心主义中，通过谢林、施勒格尔兄

[①] 亚历山大·戈特利布·鲍姆加登（又译鲍姆嘉通）（1714—1762）：德国哲学家、美学家，被称为"美学之父"。主要著作有《关于诗的哲学默想录》等。与美学密切相关的哲学，自近代以来发生了认识论转向，为美学学科的建立提供了必要的历史条件。正是在这样的历史条件下，鲍姆加登在自己的哲学体系中，第一次把美学和逻辑学区分开来。在严格规定了逻辑学的研究对象是形成概念和进行推理的抽象思维的同时，他也给美学规定了自己独特的研究对象，写出了美学专著，初步形成了美学学科的基本框架以及探讨了美学的一些基本问题。故此，美学学科诞生，而鲍姆加登也因此成为"美学之父"。——译注

弟和黑格尔的作品的发展，美学才正式成为艺术思想，即便经常会有人认为这个词有点用词不当。只有在后来的背景下，我们才看到艺术思想（被艺术作品所激活的思想）被等同于在美学名义下产生的"含混知识"的观念。这种新的有矛盾的观念让艺术成为思想的领域，这种思想出现于自身之外，并等同于非思。鲍姆加登将感性定义为"含混"观念，以及康德反过来将感性定义为不同于这些观点的东西，这两个定义被统一起来。于是，含混知识不再是知识的低阶形式，而是尚未思想之物的思想①（pensée de ce qui ne pense pas）。

换句话说，"美学"并不是"艺术"领域的新名字。它是这个领域的特有构造。它不是一个新标题，在这个标题下所包含的东西，之前包含在一般性的诗学概念之下。这标志着艺术思考的体制的变革。这个新体制为建构一个新的专门的思想观念提供了场地。我在本书中的假设是，弗洛伊德的无意识思想是唯一可以在这种思考艺术的体制，以及内在于艺术的思想观念基础上的思想。或者若你们喜欢的话，尽管弗洛伊德艺术参照的是古典主义，但弗洛伊德的思想是唯一可能建立在从诗学统治转向美学统治革命

---

① 今天我们反复会听到这样一个令人哀恸的事实，美学从它的真正的方向沦落为对趣味判断的批判，这就是康德在对启蒙思想总结时的概括。但只有那些既已存在的动词才会沦落。因为美学从来不是趣味理论，让美学一而再，再而三成为趣味理论的愿望仅仅表达的是，让其无穷尽地"回归"到一个根本不可能存在的"自由个人主义"的前革命状态的天国。

基础上的思想。

  为了发展和评价这些命题，我试图说明，弗洛伊德理论解释中提到的一定数量的特有对象和模式，与艺术思考的美学架构下这些对象的变化状态之间存在着某种关联。客观来看，我们将会从精神分析考察的一个诗性的核心人物开始，即俄狄浦斯。在《释梦》中，弗洛伊德解释说，有一个"传奇性的材料"，这个材料的普遍性的戏剧性力量，与婴儿心理学中的普遍性的数据是对应一致的。这个材料就是俄狄浦斯的传奇以及与之齐名的索福克勒斯的戏剧①。弗洛伊德认为，从双重角度来说，俄狄浦斯戏剧性主题是普遍的：作为普遍性的婴儿欲望和被压抑的欲望的发展，以及作为一种典型的揭露隐藏秘密的形式。弗洛伊德说，《俄狄浦斯王》（*Œdipe roi*）中一步步地揭露秘密，并技巧娴熟地延迟真相大白的剧情，堪比精神分析疗法的工作。这样，有三样东西肯定了普遍性：人类心理的一般倾向、确定的虚构材料、典型的戏剧主角。那么问题变成了这样，是什么让弗洛伊德肯定了其普遍性，并让俄狄浦斯成为其论证的中心？换句话说，是什么让俄狄浦斯的故事和索福克勒斯所揭示的主角成为普遍性的戏剧力量？试图找出这个材料成功所在的一位剧作家的艰难经历成为我们案例，这个案例会帮助我们接近这个问题。

---

  ① *L'Interprétation des rêves*, trad. Ignace Meyerson, Paris, PUF, 1967, p. 227-228.

第二章　主角的缺憾

1659年，高乃依①（Corneille）接到一个任务，为狂欢节的节日庆典撰写一部悲剧。对于这位剧作家而言，由于《佩尔塔利特》（*Pertharite*）引起轰动的失败，他已经阔别舞台七年了，这是一次他重返舞台的机遇。他不能再次失败，且他只有两个月时间来完成这部悲剧。他感觉到，获取最大可能的成功机会，尤其要寻找悲剧主角。因为悲剧已经有一些非常著名的模式，而他只能在法国的舞台上"翻译"和改编这些模式。所以，他选择了俄狄浦斯这样一个角色。但这个光彩夺目的主角很快变成了一个陷阱。为了获取他所计划的成功，高乃依放弃了直接转译索福克勒斯的观念，并

---

① 高乃依（1606—1684）：法国著名古典悲剧作家，他与莫里哀、拉辛合称17世纪法国古典主义戏剧界三杰。1606年高乃依出生于诺曼底的鲁昂市，1629年他在鲁昂创作的戏剧《梅德》引起了全法国轰动。而1636年的《熙德》的上演，让高乃依获得巨大的名誉，《熙德》也成为高乃依最著名的戏剧作品。——译注

且揭露俄狄浦斯的罪行的主角,这些都需要重新创作。

我知道,这些在古代令人惊叹的形象已经远去。在我们今天的时代里看起来有些恐怖,对这位挖出自己双眼的忧伤的君王的描写,文采奕奕,令人称奇,鲜血从他被剜去双眼的眼眶中流出,沾满他的整个面庞。在无法媲美的原版中,该场景占去全篇剧作五分之一的篇幅,而我们今天的观众中很大一部分都是贤淑端庄的女性,这样血淋淋的景象无疑会吓坏她们,若她们感到不适,必然会遭到那些陪她们来看戏的人的怒斥。最后,在这个主题下,没有爱的地位,也没有女性角色,若没有这些在日常生活中吸引我们的主要因素,我们就不可能赢得观众①。

你们可以看到,高乃依的问题并非来自乱伦。而是一个将该主题从揭秘计划和戏剧结局的具体性,变成一个叙事的问题。在这个无法想象的转变中有三个重点:俄狄浦斯剜眼的恐怖,没有爱的主题,最后滥用神谕,这些东西让观众太容易猜到问题的答案,最后让盲人先知的解答毫无可信之处。

简言之,索福克勒斯揭露真相的过程是有缺憾的,因

---

① Corneille, *Œuvres completes*, Paris, Gallimard, coll. «Bibliothéque de la Plèiade», 1987, t. III, p. 18.

为它太过清晰地说明了什么东西只应该说，应该知道什么东西，而什么东西应该保守秘密。因此，高乃依必须要解决这些缺憾。为了能分享女性的感性，在俄狄浦斯挖出双眼时，他没让这个元素登上舞台。同时他也没让盲人先知提瑞西阿斯①（Tirésias）出现在舞台上。他抹除了两个人之间的直接对话，这个对话是索福克勒斯戏剧的中心，一个人知道一切，但并不想说出来，另一个人想知道一切，但他拒绝聆听揭露他所寻找的真相的词语。高乃依用一个现代式的情节取代了这个太过显露的隐匿与寻找的游戏，这个情节涉及情感与利益的冲突，让罪人的身份变得飘忽不定。在索福克勒斯那里没有的爱情故事在其中也扮演了重要角色，而正是爱情产生了冲突和悬疑。高乃依让俄狄浦斯有了一个姐姐，名字叫迪尔塞（Dircé），俄狄浦斯夺了本该属于迪尔塞的王位，而且迪尔塞还有一个恋人，德塞（Thésée）。由于迪尔塞认为她对让他父亲走上不归路的旅行负有责任，而德塞怀疑自己的身世（至少他假装保护着他喜欢的女人），先知的三个预言都兑现了，三个角色都是有罪的。通过小心处理各种信息的配置，高乃依让爱情故事的结局变得扑朔迷离。

---

① 提瑞西阿斯是希腊神话中底比斯的一位盲人先知。据荷马史诗《奥德赛》，他甚至在冥界仍有预言的才能，英雄奥德修斯曾被派往冥界请他预卜未来。在索福克勒斯作品《俄狄浦斯王》中，先知提瑞西阿斯指出俄狄浦斯正是杀害先王拉伊俄斯（俄狄浦斯的生父）的凶手。俄狄浦斯不相信这些话，他愤怒之中，大骂预言家是个骗子，和克瑞翁一起合谋篡他的王位。提瑞西阿斯愤怒地走了。克瑞翁也怀着委屈，愤愤地离开了俄狄浦斯。——译注

六十年之后，另一位剧作家遇到了同样的问题，也用同样的方式来解决。二十岁时，伏尔泰选择了俄狄浦斯的主题，开始了他作为剧作家的生涯。但他之所以如此，是直接对索福克勒斯，而不是对高乃依的批评，他批评说，《俄狄浦斯王》的情节是不可能的。俄狄浦斯完全不知道他的前任国王拉伊俄斯（Laïos）之死的情况，这让人难以置信。同样无法相信的是，俄狄浦斯完全不理解提瑞西阿斯向他讲述的东西，他侮辱这位被带到他面前的可敬的先知，并称他是骗子。伏尔泰得出的结论非常极端："这是该主题中的一个缺陷，有人说，这不是作者的问题。仿佛当主题有缺陷时，作者没有纠正主题的责任！"① 所以，伏尔泰要纠正这个主题，找到另一个杀害拉伊俄斯的凶手：菲罗克忒忒斯（Philoctètes），之前一个被遗弃的孩子，绝望地爱上了尤卡斯塔（Jocaste），在凶案发生期间，他离开了忒拜城，回来的时候正值搜捕案犯。

这样，一个"有缺憾的主角"就是古典时代，再现时代会如何看待索福克勒斯的作品的问题。我们必须在这里再强调一遍，这个缺憾并不是因为这是一个乱伦的故事。高乃依和伏尔泰在改变索福克勒斯的作品时遇到的困难，并不是用来反对俄狄浦斯情结普遍性的论据。另一方面，他们所怀疑的是俄狄浦斯"精神分析"的普遍性，即索福

---

① Voltaire, *Lettres sur Œdipe*, dans *Œuvres complètes*, Pairs, Garnier, 1877, t. II, p. 20.

克勒斯的剧情中揭示秘密的普遍性。对高乃依和伏尔泰而言，剧情在所见与所思之前，在说出的东西与理解的东西的关系上是有缺陷的。给观众交代得太多了。此外，这种过度不仅仅是令人恶心的剜眼情景的问题，它涉及在更一般意义上身体上的思想标记。首先，剧情要求理解太多东西。与弗洛伊德所说的相反，索福克勒斯的剧情若没有悬疑，就没有一步步向主角和观众揭露真相的过程。那么，这种剧情的合理性何在？这一点没有疑问："主角"即俄狄浦斯本人的角色。正是愤怒驱使他不惜一切代价想要去知道一切，他反对所有人，甚至他自己，与此同时，他并不理解先知提供给他所需要的真相的词语。这是问题的核心所在：俄狄浦斯，他们欲求着知识，为之癫狂，当他剜除他的双眼时，受到侵扰的不仅仅是那些端庄女士们的"雅致"。最终，俄狄浦斯扰乱的是整个再现体系的秩序，而正是再现体系让戏剧创作变得井井有条。

　　在根本上，再现秩序赋予这两样东西以意义。首先，这就是所说与所见之间的秩序关系。在这种秩序中，言说的本质就是去说明。但言说是在双重限制下去说明。一方面，能看得见的表象限制了言说的力量。言说只能谈表象出来的情操和意志，而不是自说自话，就像索福克勒斯或埃斯库鲁斯笔下的提瑞西阿斯的言说一样，他用神谕或奥义的模式来言说。另一方面，这个秩序也限制了可见物本身的力量。言说架构了一种可见性：它让隐藏在灵魂中的东西表象出来，陈述和描绘出眼睛看不到的东西。但这样做也限制了可见物本身，即可见物是在它的律令之下显象。它禁止可见物自己显示自己，禁止表象出不能言说的东西，即剜出双眼的恐怖。

其次，再现秩序就是知识和行为的关系秩序。亚里士多德说，戏剧就是行为的布局。戏剧的根基就是追求着特殊目的的人物，他们在不了解全部真相的情况下做出行为，而行为的全过程会揭露真相。这里所排斥的，就是成为俄狄浦斯表演最根本的东西，我们知道，这就是对知识的激情（pathos）：他近乎痴狂地，不顾一切地要去知道他不应该知道的东西，而他的怒火阻碍了他的理解，他拒绝承认真相，在这种形式下，他向自己展现了无法维持下去的认识的灾难，这种认识必须让人从可见世界中隐退。索福克勒斯的悲剧就是由这种激情造就的。亚里士多德不能理解这一点，并在戏剧行为理论中对之避而不谈，而他的理论将认识视为反转和承认的精妙机制的结果。在古代，正是这种激情，让俄狄浦斯成为一个不可能的英雄，除非有人彻底纠正所做的一切。之所以不可能，不是因为他弑父娶母，而是因为他了解真相的方式，因为在认识中，两个对立面是一致的，即认识和非认识、行为责任与激情创伤之间的悲剧性的一致。

第三章　审美革命

于是，关于诗的整个思想体制拒绝了俄狄浦斯的剧情。我们可以换个说法：俄狄浦斯的剧情，在摒弃了艺术思想的再现体制之后，只能接受一个特殊状态。艺术思想的再现体制意味着某种思想观念：作为行动的思想给自己增加了一个消极因素。这就是我说的审美革命：可见与可说、知识与行为、主动与被动之间的有序关系的终结。那么，因为俄狄浦斯是精神分析革命的英雄，那么我们就必须要有一个新的俄狄浦斯，这个新俄狄浦斯与高乃依和伏尔泰所设想的俄狄浦斯无关。在法国式悲剧之外，甚至在亚里士多德对悲剧行为的理性化思考之外，新俄狄浦斯试图恢复索福克勒斯的悲剧思想。荷尔德林、黑格尔、尼采就是去实现新俄狄浦斯和对应新俄狄浦斯的新悲剧观念的人物。

新俄狄浦斯有两个特征，这两个特征让他成为"新"思想观点的英雄，这种新思想宣称复苏了古希腊悲剧的思想。俄狄浦斯就是实存着的思想野蛮的证据，认识的定义并不是主观行为对于客观观念的理解，而是对情感、激情，甚至是对存在物的疾病的认识。按照《悲剧的诞生》(*La Naissance de la tragédie*)中俄狄浦斯故事的意义，就是自在认识是反自然的罪行①。一般来说，俄狄浦斯和悲剧证明了这一事实，即在思想上，总会存在疾病、医药，以及它们之间的对立统一。在哲学上让认识与困难之间的等价关系（即埃斯库罗斯或索福克勒斯的 mathos patheï）重新登上舞台，这意味着他们集聚成在认识上有缺陷的悲剧三部曲：《释梦》中和黑格尔《美学》中提到的俄狄浦斯和哈姆雷特，以及浮士德。精神分析就出现在这个地方，在这里，哲学和医学互不信任，即认为思想是一种病，而疾病也是一种思想。

但思想之物与疾病之物之间的一致性，本身是与思考艺术生产的体制是一致的。如果俄狄浦斯是一个典型的英雄，是因为这个虚构人物代表着审美革命带来的艺术生产上的某些属性。俄狄浦斯是他知道，又不知道的人物，他绝对是主动的，但又是绝对被动的。这样的对立统一，恰恰是审美革命对艺术的界定。乍看起来，似乎仅仅只是将绝对的创造力同再现的规范对立起来。现在，作品拥有了自己的生产规律，以及它自己的明证。但与此同时，无条

---

① Nietzsche, *La Naissance de la tragédie*, Paris, Gallimard, 1977, p. 78 - 79.

件的创造性被等同于绝对被动。康德对天赋的概括总结了这种二元性。天赋是一种自然能力，即这种能力将自己的创造力对立于模式或规范。我们可以说，天才就是他自己的规范。但与此同时，他是唯一不知道自己在干什么的人，他无法考究自己的活动。

认识与非认识，主动与被动之间的统一，就是审美体制下的艺术，它彻底将鲍姆加登的"模糊的清晰"（clarté confuse）变成对立统一。在这个意义上，18世纪审美革命就已经开始了，那时，维柯①（Vico）在他的《新科学》（Science nouvelle），确立了一个"真正的荷马"（véritable Homère），对立于亚里士多德和整个再现传统。为了进一步澄清我们所关心问题的源流，我们有必要回溯一下其具体情景。维柯最初的目的并不是"艺术理论"，而是关于"古埃及人智慧"的神秘诗学。维柯提出这样一些问题，如象形文字是否是一个密码，宗教智慧不让我们参透这些密码中的奥秘，古代诗歌传说是否像柏拉图式的用寓言表达出来的哲学思想。在谴责了荷马史诗中那些不道义的成分之后，柏拉图实际上驳斥了那些他们言说下的诸神的下作行为，来看待宇宙论的寓言。在基督教起源的时代里，这

---

① 乔万尼·巴蒂斯塔·维柯（1668—1744）：意大利伟大的哲学家、语言文学家、美学家和法学家。他在世界近代思想文化史上影响巨大，著名代表作有《新科学》《普遍法》及《论意大利最古老的智慧》等。维柯在其社会学著作《新科学》中发现了"真正的荷马"，并以古代希腊社会研究的成果来考察荷马及其史诗创作，从而开创了把文学作品与时代背景、作者生平结合起来研究的方法。——译注

个问题重新出现了,当异教作者,试图驳斥那些偶像崇拜的咒骂,再一次激活了在象形文字写作和诗人的史诗传奇中所隐含的智慧观。17—18世纪,由于解释学方法的兴起以及关于语言起源问题的哲学争论,让它又一次强势回归。在这种情况下,维柯想一石二鸟。他想要清算隐藏在象形文字写作和史诗传奇中的智慧的奥秘。与探寻隐含意义的研究相对立,维柯提出了一种新的解释学,这种解释学将图像与产生图像的前提联系起来。与此同时,他摧毁了诗人的传统形象,不认为他们是传说、角色或图像的发明者。他对"真正的荷马"的发现谈了四点,就是为了驳斥亚里士多德,以及再现式的诗人形象,他们认为诗人是传说、角色、图像、韵律的发明者。第一点,他说明荷马并不是传说的发明者。他并不知道我们在历史和虚构之间做出的区分,事实上,他把他所谓的传说视为历史,对此,他怎么接受,他就怎么传播。第二点,他并不是角色的发明者。那些所谓的角色,即勇敢的阿喀琉斯、聪明的尤利西斯、贤能的内斯特、这些都不是个人化的角色。这更不是为了诗歌而创造出来的寓言。他们都是抽象出来的人物形象,这几乎是用来描绘美德的唯一思考方式,这也等于将这些美德的抽象化和个体化——即勇气、理智、智慧、正义——我们不可能设想这些美德,也不这样将它们命名。第三点,荷马亦不是优美隐喻和绚丽图像的著名的发明者。他所生活的时代,思想不可能分离于形象,也不可能从具体中抽象出思想。他所谈到的"形象"不过是他所处时代人民所谈的想象。最后一点，他也不是韵律和格律的发明者。他就是那个时代语言状态的明证，在那个时代，言说与歌唱是等同的。在言说之前，在变成更清晰的语言前，人们就在歌唱。歌唱式言说的诗性魅力实际上是语言幼年的结结巴巴的状态，在语言的聋哑状态下，我们依然可以看到诗性的魅力。这样，诗歌创造者的四个优点，成为他时代语言的四个属性。这是他的原因，但语言并不属于他，语言不是受他驱使的工具，而是语言、思想、人性在幼年时期的标志。从他所需要的东西和他不需要的东西，他知道的和他不知道的，他所做的和他没做的之间统一的角度来看，荷马是一位诗人。诗歌的存在与其对立面是紧密联系在一起的，即言说和所说之间的裂缝。在诗性语言角色及其所揭示的角色之间的统一。这种揭示并非隐藏任何秘密的科学。它最终不过是对生产它的言说过程的摹写。

"真正的荷马"的解释学形象，是将俄狄浦斯视为一个典型普遍的悲剧主角的前提。这个人物形象预设了思考艺术的体制，而艺术是由意识程序和无意识程序，有意图的行为和下意识的行为之间的统一所界定的。简言之，语言（logos）和激情（pathos）的统一证明了艺术的存在。有两种相互对立的方法来思考这种统一：要么是激情之中的语言，非思之中的思想；要么是语言之中的激情，思想之中的非思。我们可以在像黑格尔的《美学》这样伟大的美学思想模式的奠基性文本中找到第一种方式。用谢林的话来说，艺术就是精神走出自身的奥德赛。在黑格尔的体系中，精神试图变得明显可见，这首先意味着精神通过自己的对立面，让自己展示自己：在巧夺天工的建筑和石雕当中，在浓墨重彩的色彩当中，或者在抑扬顿挫、圆润洪亮的语言当中，精神都展现了自己。精神在两种感性的外部，即在物质和图像当中探寻着自己。精神探寻着自己，也失去自己。但在这场隐匿与搜寻的游戏中，它让自己成为可感材料的内在之光，是石头之神的优雅体现，是哥特式建筑的拱顶和尖顶的高耸入云，或者是激活了无意义的寂静生命中绚丽多彩的精神光芒。这种对立于奥德赛的模式，就是美与理性的审美表象，激情赋予它玄妙莫测的深度。在叔本华那里，这种模式是通过某种运动来表达的，即它背对着表象，背对着再现世界的因果秩序，这是为了去面对事物本身的朦胧的、隐蔽的和无意义的世界：赤裸生命意志的无意义的世界，一种被矛盾地成为"意愿"的世界，这种"意愿"的本质恰恰是不需要任何东西，拒绝选择任何目标，拒绝让任何手段从属于作为我们意志观念最一般意义的目的。在尼采那里，艺术的存在被等同于阿波罗的华丽的外表和狄奥尼索斯的驱力的两极，并在看似否定其存在的模式下，让出现的快乐和痛苦变得差不多。

第四章　默然言说的两种形式

那么，精神分析在这场反运动中找到了其诞生之地，这场反运动的英雄是叔本华和尼采，而反运动统治着从左拉①（Zola）到莫泊桑②（Maupassant）、易卜生③（Ibsen）、斯

---

① 埃米尔·左拉（Émile Zola，1840—1902）：19世纪法国最重要的作家之一，自然主义文学的代表人物，亦是法国自由主义政治运动的重要角色。1871年至1893年，他前后创作了20部小说，并起名为《卢贡-马卡尔家族》，这些小说以卢贡-马卡尔家族前后五代人的人生轨迹为线索，宛然一套第二帝国社会的百科全书，题材广泛，涉及法兰西第二帝国时期的方方面面，其中涉及大量法国上流社会、工商金融界的黑暗与腐败。杰出的作品有《娜娜》《小酒店》《萌芽》等。在作品中，左拉流露出对工人阶层的同情。《萌芽》是法国文学史上第一次描写煤矿工人生活的小说，体现了作家对社会主义及共产主义思潮的同情。——译注
② 居伊·德·莫泊桑（Guy de Maupassant，1850—1893）：被誉为法国短篇小说之王，与契诃夫、欧·亨利合称为"世界三大短篇小说巨匠"，代表作有《项链》《羊脂球》《俊友》等。莫泊桑有一种非凡的捕捉生活的本领，善于从平常人视而不见的日常平淡生活中挖掘出生命和生活的本质意义与美学价值的内涵，极大地丰富了文学的题材。以凡人小事为题材，以短篇小说为主要创作形式，是莫泊桑在文学题材和体裁上的突破。——译注
③ 亨利克·易卜生（Henrik Ibsen，1828—1906）：挪威剧作家，被认为是现代现实主义戏剧的创始人。重要剧作有《青年同盟》《社会支柱》《玩偶之家》《群鬼》《人民公敌》等。1891年，易卜生63岁时回到久别的祖国，在奥斯陆度晚年，他晚期的创作，不像中期那样热情、犀利，而是显得冷峻、深邃，转向心理描写和精神分析，也有悲观情绪和象征主义色彩，作品有《野鸭》《建筑大师》等。1898年易卜生70寿辰时，挪威文化界聚会庆祝他的生日，挪威国家剧院为他树立一尊铜像以示敬意。易卜生一生共写过26个剧本和许多诗篇。他的剧作对现代戏剧发展具有深刻而广泛的影响，故而被称誉为"现代戏剧之父"。——译注

特林堡①（Strindberg）的文学，进入原初生命的纯粹无意义当中，或与黑暗力量相遇。我们关心的不仅仅是这个时代的精神影响，更准确地说，我们试图在某种思想观念和某种写作观念定义的体系之下，确立一个可能的立场。我们所谓的审美上的沉默的革命，开启了一个空间，在这个空间中，我们可以考察思想观念和与之对应的写作观念。这种思想观念建立在一个基本肯定的基础上：存在一种非思的思想，思想不仅是不同于非思的元素，也是以非思形式来运行的。相反，存在着内在于思想之中的非思，思想赋予非思一种特殊的力量。非思不仅仅是缺乏思想的形式，它就是其对立面的实际出场。从任何一个方向出发，我们都能触及这个等式，即思想与非思的统一，而二者的统一就是一种明确力量的起源。

与思想观念对应的是写作观念。写作不仅指向一种言说的表现形式，在更根本的层面，它对应的是言说本身的观念及其内在力量。他认为写作是一种沉默的言语，一种不能说出异于它言说的言说，或者不能选择不去言说。它不能考察它所提供的东西，也不能辨识谁在那里，或者谁不适合出场。这个言说既是默然的，也是健谈的，默然的

---

① 奥古斯特·斯特林堡（1849—1912）：瑞典作家，瑞典现代文学的奠基人，是瑞典的国宝，世界现代戏剧之父。生于斯德哥尔摩一个破产商人家庭。1867年考入乌普萨拉大学。他在大学时期开始写作剧本，其中反映冰岛神话时期父女二人在宗教信仰上发生冲突的剧本《被放逐者》得到国王卡尔十五世的赞赏，被国王召见，并获得赏赐。当过小学教师、报社记者，后在皇家图书馆当管理员。——译注

言说对立于行动的言说，对立于由意指关系和目标所指引的言说。对柏拉图来说，这就是主人的言说，他知道如何解释他的话，也知道如何反过来保守秘密，他知道如何不让凡夫俗子弄明白，也知道如何在那些可以结出思想果实之人的心中播下种子。古典的再现秩序，将这种"生命言说"等同于伟大演说家的积极言说，他们深深地打动、说服、启迪、引领了那些人的灵魂与身体。这个模式同样也包含悲剧英雄的话语，悲剧英雄穷其所有来追求他的意志与激情。

如果与这种生命言说相对立是带有规范的再现秩序，那么写作就是一种对应于审美革命的的言说模式：矛盾的言说模式，它同时是言说和保持沉默，同时对他所说的知道又不知道。这种矛盾模式的两个主要人物形象，分别对应于思想与非思之间两种彼此对立的关系形式。这两个人物形象概括一个独特的领域，即作为症候言说的文学言说[1]。

在第一种意义上，默然的写作就是沉默事物本身的言说。在它们自己的身体上就带有着意志力，正如既是诗人又是矿物学家的诺瓦利斯[2]（Novalis）写道："万物在言说。"万物就是痕迹、遗迹或化石。所有感性形式，从石头

---

[1] 参看 Jacques Rancière, *La Parole muette*：*Essai sur les contradictions de la littérature*, Paris, Hachette littérature, 1998.
[2] 诺瓦利斯（1772—1801）：德国诗人。早期浪漫派代表人物。原名弗里德里希·莱奥波尔德·封·哈登贝格。1772年5月2日生于曼斯菲尔德附近的上维德施泰德一贵族世家，从小受到严格的宗教教育。1790年在耶拿随费希特学习哲学，并结识席勒。1791至1793年在莱比锡大学学习。后在法院、盐务局供职，并与早期浪漫派作家弗·施莱格尔等交往。——译注

或贝壳开始，为我们讲故事。在它们的纹路和褶皱中，它们都承载着历史的痕迹和命运的标记。文学承担了解码的任务，并重述了这些镌刻在物之上的历史书写的印记。巴尔扎克①在他的《驴皮记》②（La Peau de chagrin）开头的一个关键段落提出了新的写作观念，这个段落将古董店描述为新神话的徽标，它完全是在消费废墟上崛起的幻象。这个时代的伟大诗人并不是拜伦③（Byron），他只是忠实报道了他灵魂深处的焦虑。正是居维叶④这样的地质学家，自然学者从骨骼中重构了庞大动物群体，从化石印迹中重现了远古

---

① 奥诺雷·德·巴尔扎克（Honoré de Balzac, 1799—1850）：法国19世纪著名作家，法国现实主义文学代表人物之一。他创作的《人间喜剧》等九十余部小说，是人类文学史上罕见的文学丰碑，被称为法国社会的"百科全书"。巴尔扎克拓展了小说的艺术空间，几乎无限度扩大了文学的题材，让社会的方方面面，包括那些仿佛与文学的诗情画意格格不入的东西都能得以描绘。他借鉴了其他文学题材的特点，把戏剧、史诗、绘画、造型等多种艺术形式融入小说创作中，在西方文学史上第一次如此巨大地丰富了小说的艺术技巧。——译注

② 《驴皮记》是巴尔扎克发表的第一部长篇哲理小说。小说别出心裁地用一张驴皮来象征人的欲望和生命的矛盾，并借此概括他的生活经验和哲理思考。青年瓦朗坦安贫乐道，怀着远大的理想，钻研学问，努力工作。有一次受朋友诱惑，投身到社交场所，输掉了最后一枚金币，正准备自杀时，一个古董商给了他一张神奇的驴皮，这张驴皮能实现任何愿望，但愿望实现后驴皮会缩小，寿命也随之缩短。起初他不信，随口许愿成了百万富翁，驴皮缩小了。从此他唯恐驴皮继续缩小，因而有福不能享，有心爱的姑娘不能爱，眼睁睁地等着自己的末日来临。——译注

③ 乔治·戈登·拜伦（1788—1824）：英国19世纪初期伟大的浪漫主义诗人，代表作品有《恰尔德·哈洛尔德游记》《唐璜》等。他的诗歌里塑造了一批"拜伦式英雄"。他不仅是一位伟大的诗人，还是一个为理想战斗一生的勇士，积极而勇敢地投身革命——参加了希腊民族解放运动，并成为领导人之一。——译注

④ 乔治·居维叶（Georges Cuvier, 1769—1832）：法国著名古生物学者。他提出了"变灾论"，是解剖学和古生物学的创始人。乔治·居维叶对许多现存动物与化石进行比较，建立了比较解剖学与古生物学。他建立了灭绝的概念，首先将化石标本定义为与现生物种具有相等分类学地位的"已灭绝物种"。同时也反对早期的演化思想，因为物种在地层中都是以突发性方式出现的，没有任何痕迹显示进化的过程。1832年因为霍乱而逝世于巴黎。——译注

的森林①。他提出一个新艺术家的观念,就是在社会世界的迷宫和地宫中来回穿梭的人。他搜集了大量的遗迹,誊录了绘制在蒙昧或随意的事物构型上的象形文字。他让世界的取中那些无关紧要的细节获得诗性意义的力量。在市场的地形上,在建筑的外貌上,在衣着的图案或穿戴上,在一堆杂乱堆放的商品或垃圾中,他找到了某种神话学的要素。他创造了这种神话学的形象中真实的社会、年代,或可见的人民的历史,预示着个体或集体的命运。**万物在言说**,意味着它抛弃了等级制的再现秩序。伟大的弗洛伊德的法则,根本不存在无意义的"细节",相反,每一个细节都向我们道出真相,这个法则与审美革命是完全一致的。主题无高低贵贱之分,叙述情节和描写也无轻重缓急之分。没有一个情节、一个描写或一个句子不承载着整个作品的意义表达。没有任何东西不会不带有语言的力量。所有一切在起点上都是平等的,同等重要,也同样有意义。《猫打球商店》②(*La Maison du chat qui pelote*)的作者让我们站

---

① Balzac, *La Peau de chagrin*, Paris, Gallimard, coll. Folio, 1974, p. 47.
② 巴尔扎克的《猫打球商店》原题为《光荣与不幸》,1829年10月完稿,1830年4月在《私人生活场景》第二卷中首次发表。《猫打球商店》以一个老呢绒商的家庭为背景,描写了一宗门户不当的婚姻,意在说明不同的出身、不同的生活环境和教养对人们的气质有多么大的影响,因而青年男女如果只凭一时的感情冲动而结合,往往会酿成终生的不幸,而凭着理智在本阶层中选择配偶,结局则会好得多。巴尔扎克出身于资产阶级家庭,外祖父家是一户殷实的呢绒商,因此他从小对这类老派商人十分熟悉。小说以一种温和的嘲讽态度,精确而且生动地描绘了这个阶层的思想感情、生活习惯,写出了买卖人的那种精明、狡猾、吝啬和由于缺乏教育而产生的种种狭隘可笑的观念。但作者将这一切与贵族社会的虚伪、腐朽和冷酷相对照时,显然对这些见识短浅、趣味庸俗,然而善良敦厚的老派商人表示了更多的温情。——译注

在了一幢建筑面前，这幢建筑的开口是不对称的，参差不齐的格局很像一个象形文字，我们可以从中揭秘这幢房子的历史，也就是巴尔扎克所见证的社会的历史，并让我们看到生活在这里的人物的命运。同样，《悲惨世界》（*Les Misérables*）则让我们掉进了一条臭水沟，这条臭水沟像一个犬儒哲学家一样，向我们讲述着一切。在同样的基础上，它将文明所使用和抛弃的一切都汇集起来，包括它的面具、它的荣耀以及它在日常生活中的所有器具。新诗人、地质学或考古学诗人，实现着与弗洛伊德在《释梦》中所开展的一样的研究。他提出一个原则，即没有任何东西是不重要的，那些实证主义思想所鄙夷的，或者归为纯生理上的合理性的平庸乏味的细节，事实上都标志着历史的铭写。不过，他也指出了这种解释学的矛盾的前提：为了让凡夫俗子可以揭示这些秘密，首先必须将这些东西神秘化。房子和臭水沟在言说，它们带有真相的痕迹——正如弗洛伊德的梦或行为倒错一样，正如马克思的商品一样——因为它们首先都被转换为一个神话学或幻象的要素。

于是，作者是一位地质学家或考古学家，探索着社会世界的迷宫，后来再探索自我的迷宫。他们收集着残片，发掘出化石，并誊录着那些见证世界和书写历史的印记。事物默然的言说，以散文的形态，传播着一个文明或一个时代的真相，那曾经熠熠生辉的"生命言说"在目光之下已经变得黯然失色。后者已经成为演说术或肤浅的煽动话语的空洞的场景。但对这些印记的解释者，仍然是一位医生，一位病理学家，他们诊断着让那些雄心勃勃的个体和璀璨辉煌的社会病入膏肓的病灶。是自然学者、地质学家的巴尔扎克也是一位医生，他在个体和社会激励活动的心脏处，侦测出与这种激烈程度差不多的病灶。在巴尔扎克的作品中，这种病灶的名字是意志（volonté）：思想的病灶就是想让自己成为现实，让个体与社会走向毁灭。事实上，19世纪的文学史就是这种"意志"的转变史。在自然主义和象征主义的时代里，意志变成非个人的命运、遗传，是无理性的生命意志的完成，用蒙昧之力的世界来挞伐意识的幻觉。那么，文学症候学需要在这种着重关心歇斯底里、"神经衰弱"（nervosisme）、承受过去的重负之类的思想病理学的文学中建立一种新的状态。这些埋葬秘密的新剧情，追溯着个体生命的历史，就是为了揭露传承和种族的深度奥秘，最终，是为了揭露生命最赤裸裸的、最无意义的事实。

这种文学隶属于前文提到的将语言（logos）和激情（pathos）统一起来的第二种形式，这个形式走出了一条相反的路径，从清晰到蒙昧，从语言到激情，走向存在的苦难，走向纯粹的无意义生命的再生产。第二种默然言说的形式同样在这里起作用。它取代了镌刻在物体之上的象形文字，也不再将我们遇到的言说解读为自言自语，面对无人的言说，除了非人格的无意识的言说本身之外，再没有说出任何东西。在弗洛伊德的时代，只有梅特林克①在对易卜生戏剧的分析的"二阶对话"（dialogue du second degré）中，最强有力地概括出第二种形式的默然言说，第二种无意识的话语。这个对话表达的不是人物角色的思想、情操和意图，而是萦绕在对话周围的"第三人"的思想，与无名者（Inconnu）的遭遇，与生命中无名和无意义的力量的遭遇。"固定的悲剧语言"转译了"存在物的无意识行为，这个行为让它们那清楚明亮的手掌，戳穿了将我们囚禁于其中的人工堡垒"，"一只不属于我们的手，敲响了我们直觉的秘密大门"②。梅特林克总结说，这些大门不可能打开，但我们可以"听到门后的响声"。我们可以将之前用于"行为的布局"的诗歌，变成在我们思想周围的下层人的语言，看不见的群众的言说。或许对于这种言说，这个舞台需要的就是在一个新身体中道成肉身：不再是人类主角/角色的身体，而是那些"看起来好像活着，却没有生

---

① 莫里斯·梅特林克（Maurice Maeterlinck, 1862—1949）：比利时诗人、剧作家、散文家，1911年诺贝尔文学奖获得者，其作品主题主要关于死亡及生命的意义。梅特林克的主要成就是他的一系列象征主义戏剧：《玛兰纳公主》《普莱雅斯和梅洲特桑》《闯入者》《盲人》《七公主》《青鸟》；这些戏剧突破了法国古典戏剧的传统，不满足于夸张情节、渲染感情，而是透视人类的灵魂和宇宙中超现象的力量。——译注

② Maeterlinck, «Menus propos: le théâtre (un théâtre d'androïdes)», dans *Introduction à une psychologie des songes et autres écrits*, Bruxelles, Labor, 1985, p. 83. et «La tragique quitidien» dans *Le Trésor des humbles*, Bruxelles, Labor, 1986, p. 99-100. 我当然注意到了梅特林克将自己放在爱默生和神秘传统的线索当中，而不是叔本华的"虚无主义"传统。但在这里我感兴趣的——此外也有可能混淆两种传统——是他们都同样认为无声的言说是存在的无意识"意志"的表达。

命"的存在物的身体，一种阴影或蜡封的身体发出了诸多无名之声①。梅特林克从这里描绘了一种机器人戏剧（théâtre d'androïde），将维利耶·德·利尔亚当②（Villiers de L'Isle-Adam）的小说式的梦呓与的未来戏剧联系起来：爱德华·戈登·克雷（Edward Gordon Craig）③的超级木偶（surmarionnette）或者塔多茨·康托尔④（Tadeusz Kantor）的死亡戏剧。

审美无意识，与艺术的审美体制是同质的，在双重的默然言说的场景中显现自身：一方面，镌刻在物体之上的言说，通过解码和重述，可以恢复它的语言上的意指关系；另一方面，无名力量的无声言说，它在所有意识，所有意指关系背后游荡着，而这种言说必然有着其声音与身体。然而，其代价或许是这种匿名之声和鬼魅般的身体会让人类主体走向大放弃，走向一条虚无意志的道路，而这正是叔本华的影子，他十分倚重于无意识的文学。

---

① Maeterlinck, «Menus propos...», dans Introduction..., op. cit., p. 87.
② 奥古斯特·维利耶·德·利尔亚当（1838—1889）：法国象征主义作家。其作品经常有神秘与恐怖的元素，并具有浪漫主义的风格。在1886年发表的科幻小说《未来夏娃》（L'ève future）中，他将外表像人的机器起名为Androïde。——译注
③ 爱德华·戈登·克雷（1872—1966）：英国现代主义戏剧演员、导演和舞台设计师。他是著名戏剧女演员艾伦·特里的儿子。克雷喜欢使用中立的、运动的、非表现的荧幕作为舞台装置，这或许是他最喜欢的舞台概念。——译注
④ 塔多茨·康托尔（1915—1990）：波兰画家、装置艺术家、设计师和戏剧导演。由于他在戏剧表演上的革命，而让他声名鹊起。这里谈到的死亡戏剧指的是他在1975年的作品《死亡阶层》（The Dead Class）。——译注

第五章 从一种无意识到另一种无意识

再说一遍：概括审美无意识的文学和哲学形象的目的，并不是为了给出的弗洛伊德无意识的一个新的谱系学。我并未打算忘记考察精神分析的医学背景和科学背景，也不打算消解弗洛伊德的无意识的概念、驱力经济学，不准备用一个世纪以前的古老的未知的认识和非思之思的观念来研究无意识的形成。我也完全没有准备去说明弗洛伊德的无意识是如何无意识地依赖于文学和艺术，它宣称可以揭开文学和艺术所隐藏的秘密。关键在于，指出审美无意识与弗洛伊德无意识之间存在的共谋和冲突的关系。当弗洛伊德详细叙述在《释梦》中他是如何创造无意识概念时，我们可以在弗洛伊德自己的说明基础上界定两种不同版本的无意识的相遇。他的叙述指出了精神分析与实证主义医学相关的科学观念之间的对立，实证主义医学将睡眠的精神活动视为无关紧要的数据，或者认为它们是可以由生理原因决定的因素。在与实证主义的论战中，弗洛伊德号召精神分析学与古老的神话遗产联盟，与大众关于梦境意义的信念联盟。但在《释梦》中还有另一个联盟，在论述《格拉迪沃》的书中，这个联盟更为清晰，即与歌德和席勒的联盟，与索福克勒斯和莎士比亚的联盟，以及与其他作家的联盟，那些作家可能名气不大，但很近似于他的想法，如波普尔-林克斯①（Popper-Lynkeus）和阿尔方斯·都德。这不仅仅是因为，弗洛伊德反对那些科学大师的权威，而这些大师都是西方文化中最为伟大的名字。更为重要的是，由于新科学的诞生，这些伟大名字成为黄泉路上的指引。如果这些指引是必须的，正是因为实证科学和大众信仰之间并非一片空地。通过将艺术物品重新界定为思想与非思之间的特殊联合统一的模式，审美无意识占据了这片空地。它是通过有深度的文学，通过默然符号和无声言说的转译的解释学来占据这个地盘的。文学已经创造了展现和解释符号的诗性实践，与绚丽的外表、朦胧的深度，以及它特有的病灶和药物之间关联。这个观念不仅仅在于关心歇斯底里和堕落症状的自然主义小说。由于在思想和写作层面上，已经区分了科学与迷信，这样我们可以思考新的药物

---

① 约瑟夫·波普尔-林克斯（1838—1921）：奥地利学者、作家和发明家。他出生于奥地利的波西米亚（现属于捷克共和国）的一个犹太家庭。他是后来名声显赫的哲学家卡尔·波普尔的叔叔。他想到基于分析个人的社会意识及其动物本能之间的冲突来诠释梦，其短篇故事《清醒的梦境》（*Dreaming like Waking*），对后来的弗洛伊德的《释梦》一书影响很大。——译注

第五章　从一种无意识到另一种无意识

和新精神（psyche）科学。不过，症状学和症候病理背景有自己的连贯性，这让弗洛伊德与作家或艺术家之间不可能简单地从功利主义角度来结盟。弗洛伊德所指的文学拥有自己的无意识观念，即思想的激情，文明的病症和药物。实用的功利化不过是无意识的连贯性。非思的思想领域并不是弗洛伊德为了寻找同伴与联盟而去探索的领域。这是一个业已被占据的地盘，一种无意识遭遇另一种无意识的竞争和冲突。

为了理解这个双重关系，我们必须再次从最普通形式上来提出问题：在艺术史上，弗洛伊德究竟在干什么？这个问题本身是双重的。是什么让弗洛伊德成为一个艺术史家或艺术分析家？在他对达·芬奇、对米开朗基罗的摩西雕像，对詹森的《格拉迪沃》进行全面分析时，对霍夫曼的《沙人》（*L'Homme de sable*）和易卜生的《罗斯莫尔庄园》（*Rosmerholm*）进行了部分分析的关键问题是什么？为什么要举这些例子？在这些作品中他在找寻什么？他又如何对待这些作品？正如我们看到这一系列的问题意味着另一个问题：我们应当如何思考弗洛伊德在艺术史上的地位？弗洛伊德的地位难道不仅仅是一位"艺术分析师"，而且他也是精神科学家和精神病医生，即对精神构成和紊乱的解释者吗？在这个意义上，"艺术史"是完全不同于作品和艺术活动连续过程的东西。它是关于艺术思考体制的历史，即将实践与那些让实践变得可见，变得可以思考的特殊方式的历史。最终，这意味着思想观念本身的历史①。我们可以用如下方式来概括这个双重问题：在对艺术作品或艺术家的思想的分析中，弗洛伊德在找寻什么？他又找到了什么？在这些分析中，无意识观念与界定历史体制，艺术审美体制的东西之间有着何种关联？

我们在两个理论路标的基础上提出这些问题。第一个问题是弗洛伊德本人提出的，第二个问题源于他所分析的作品和人物角色。我们已经看到，弗洛伊德认为，在精神分析师和艺术家之间，尤其是精神分析师与诗人之间存在着客观的联盟。在《詹森的"格拉迪沃"中的谵妄和梦境》(*Délire et rêves dans la Gradiva de Jensen*) 的开头，他肯定地说道："创造性的作者就是有价值的盟友。"② 精神的知识，人类心灵中的独特构造和隐秘操作，都领先于科学家的知识。他们知道科学家们所不知道的事物，因为他们关注了专属于这种幻觉成分的价值和合理性，而实证科学要么将其视为虚无的怪物，要么视为某种物理或生理原因导致的结果。因此，诗人和小说家都是精神分析师的盟友，也是那些认为这些心灵表象具有同等价值，认为那些"谬误"、偏差和无意义的东西具有深刻的合理性的科学家的盟友。最重要的东西往往会被低估：弗洛伊德接近艺术的方

---

① 对于这一点，推荐大家参看我自己的著作《可感物的分配：美学与政治》(*Le Partage du sensible : Esthétique et politique*)，Paris, La Fabrique, 2000.
② Trad. Marie Bonaparte, Paris, Gallimard, 1949, p. 109.

式,完全不是由祛除诗歌和艺术中崇高魅力的欲望来驱动的,并非将诗歌和艺术还原为各种性的驱力的安排。他的目的并不是为了展现伟大创造神话背后所隐藏的肮脏(或愚蠢)的秘密。相反,弗洛伊德诉诸艺术和诗歌,是为了见证"幻觉"的深刻的合理性,来支持某种科学,在某种意义上,这种科学将幻觉、诗歌、神话再次放入科学合理性的框架之下。这就是为什么联盟的宣言立刻遭到了驳斥:诗人和小说家实际上只是半个盟友。他们并不太信任梦境和幻觉具有合理性,也并不打算坚定地站在他们所描绘的幻觉具有意义的那一边。

第二个路标正是弗洛伊德举例时选择的人物形象给出的。这些人物形象都来自当代文学,来自易卜生之类的自然主义戏剧,或者来自詹森和波普尔-林克斯所代表的幻觉传统,并回到让-保罗①(Jean-Paul)、蒂克②(Tieck)和霍夫曼。但这些当代作品仍然处在某些巨大模式的阴影之下。首先是文艺复兴的两个伟大代表人物:米开朗基罗,进行伟大创造的忧郁的造物主;莱昂纳多·达·芬奇,艺术家、科学家、发明家,有着伟大梦想和伟大计划的人,他有着大量的创作出来的作品,这些作品似乎是一个奥秘

---

① 让·保罗(1763—1825):德国作家,德国浪漫主义文学的先驱。他因为写幽默故事和小说而闻名。——译注

② 路德维希·蒂克(1773—1853):德国诗人、翻译家、编辑、小说家、作家和评论家,是18世纪末和19世纪初的浪漫主义运动的代表人物之一。——译注

的各种不同的表象。还有两个浪漫的悲剧英雄。俄狄浦斯见证的是一个野蛮的古代，这个古代对立于法国悲剧代表的温文尔雅的古代，他也见证了思想的激情，这个激情颠覆了再现式的行为安排逻辑，以及可见之物和可说之物的和谐分配。哈姆雷特是现代思想的英雄，他并不行动，或者毋宁说，通过他的惰性行为来思考。简言之，与古典秩序相对立，有一个野蛮古代的英雄，荷尔德林或尼采对其赞赏有加，还有一个野蛮的文艺复兴的英雄，即莎士比亚的英雄，也是布克哈特①（Burckhardt）或丹纳②（Taine）所研究的英雄。我们已经看到，古典秩序不仅仅是法国风格的宫廷艺术中的优雅。准确来说，再现的艺术体制，在亚里士多德的模仿（mimesis）观念中第一次奠定理论合法性的体制，成为古典法国悲剧中的标志，并在18世纪的法

---

① 麦克斯·布克哈特（1854—1912）：奥地利戏剧活动家、剧作家、戏剧评论家。布克哈特主要剧作有《小猫》（1898）、《该死的女人》（1909）、《耶奈·阿斯拉》（1910）等。作为剧作家和戏剧活动家，他完成了向批判现实主义立场的过渡，这在城堡剧院历史上是很重要的一步。退出剧院以后，作为《时代》周报的主编和评论家，他仍对城堡剧院和维也纳的文化生活产生着影响。他从1898—1904年写的戏剧评论，后来收入两卷本的《剧院》一书，是19世纪向20世纪转折时期维也纳戏剧生活的重要文献。——译注

② 伊波利特·丹纳（1828—1893）：法国评论家与史学家，他对法国自然主义哲学产生了重要影响，也是法国社会学实证主义的代表人物。他第一次将文学历史主义作为一种批评运动，丹纳尝试从科学角度来研究文学。丹纳对法国文学有着不可估量的影响，主要代表作品包括《拉封丹及其寓言诗》《英国文学史》《艺术哲学》等，其中《艺术哲学》是丹纳最著名的文艺理论著作，也是他在巴黎美术高等专科学校教学时使用的讲义集。——译注

国，从巴图①（Batteux）到拉阿尔普②（La Harpe）等人以伏尔泰的《评高乃依》（*Commentaires sur Corneille*）的方式，在一系列的论著中，系统化考察了这一体制。这个体制的核心是诗的概念，诗是各种行为的有序安排，通过各种人物角色直接面对面，这些人物追求着有冲突的目标，并按照适当的规则体系，在他们的言谈中展现出他们的意志和情感。这个体系在可见和可说之间有着共同约束的默然关系当中，让知识从属于历史的权威，让可见性从属于言说的权威。浪漫的俄狄浦斯撕碎的就是这个秩序，他是一个不知道自己知道什么，要着他并不需要的东西的英雄，由苦难而行动，通过沉默来发声。如果俄狄浦斯——以及伴随着他的整个伟大的俄狄浦斯式英雄的线索——就是弗洛伊德思考的中心，这是因为他就是艺术体制的徽标，这个体制将艺术之物等同于思想之物，因为它们都是思想的标志，彼此包含，彼此容纳，这就是感性符号的语言在任何地方所书写下来的东西，它蜷缩在它自己的蒙昧的心灵之中。

---

① 夏尔·巴图（1713—1780）：法国哲学家和美学作家。他在1746年创造的《美的艺术》（*Les beaux arts*）试图找到"唯一原则"下的美和趣味的理论，他的观点被欧洲各国所接受。——译注

② 让-弗朗索瓦·德·拉阿尔普（1739—1803）法国剧作家、作家和文学批评家。拉阿尔普的主要作品是1799年的《中学文学课程》（*Le lycée, ou cours de littérature*），总共18卷，这套书是文学批评的里程碑式的著作，里面对高乃依和伏尔泰的戏剧评价很高。——译注

第六章 弗洛伊德的修正

当弗洛伊德诉诸艺术家时,另一方面,他仍然客观地依赖于既定艺术体制的前设。我们现在需要理解的是这两个事实之间的特殊关系,相对于审美无意识,这两个事实构成了弗洛伊德介入的特殊之处。我们已经看到,他最初的目的并不是为艺术现象建立一种性的病因学,而毋宁是在无意识思想下介入,而无意识正好为艺术的审美体制的生产提供了规范。也就是说,弗洛伊德重建了艺术和艺术思想的秩序,将它们重新定位在认识与非认识、意义和无意义、语言与情感、真实与幻象的关系之上。他的介入首先不太信任在真实与幻象或意义与无意义的模糊性上起作用的各种关系的解释,这导致艺术思想和对这些"幻象"表象的解释,走向纯粹而明确地肯定激情,肯定最野性的无意义的生命。他希望艺术的诠释和解释使命可以战胜审美的艺术构成上的虚无主义之熵。

为了理解这一点，我们需要比较一下弗洛伊德在两个不同文本中做出的基本评论。在《米开朗基罗的摩西》（*Moïse de Michel-Ange*）的开头，弗洛伊德解释说，他并不是从形式角度来关心艺术作品。他感兴趣的是艺术作品的"基底"（fond）：表达出来的意图和揭示出来的内容①。在《格拉迪沃》的开头，他指责诗人在心灵的"幻象"的意指关系上太过含糊其词。如果看不到它与第二种立场的关联，我们就无法理解弗洛伊德为何会公开选择艺术作品的"内容"。我们知道，一般来说，之所以有内容上的要求，会帮助我们发现被压抑的记忆，最终，可以发现婴儿时期阉割焦虑的原初因素。这个终极的安排，往往是通过一个组织性的幻象（fantasme）来介入的，这种折中式的架构让艺术家的力比多（通常由英雄人物再现出来）逃离压抑，在艺术作品中得到升华，其代价是将其奥秘镌刻在艺术作品之上。这种压倒性的先入为主的概念，有一个特有的结果，即将虚构变成传记。弗洛伊德解释说，詹森的诺贝尔·汉诺德（Nobert Hanold）、霍夫曼的纳塔尼埃尔（Nathaniel）和易卜生的丽贝卡·维斯特（Rebecca West）虚幻之梦和梦魇，好像他们都是真实的人的病理状态一样，并按照对他们的清晰的分析来评判作者。在弗洛伊德《魅影》（*L'Inquiétant*）的一条注释中谈到了《沙人》，弗洛伊

---

① *La Moïse de Michel-Ange* dans *Essai de psychanalyse appliquée*, Paris, Gallimard, coll. «Idées», 1971, p. 9.

德举出了证据，即配镜师科波拉（Coppola）和律师科佩留（Coppelius）就是同一个人，即那个阉割的父亲。于是，他重构纳塔尼埃尔案例的病因。在他作为一个幻想出来的医生的角色中，霍夫曼淡化了这个病因，但并没有向他那些有知识的同僚隐瞒病因，因为"霍夫曼想象出来的对他的肉体的治疗，并没有野蛮地混淆这些元素，我们不可能重构出这些元素最开始的布局"。① 存在着"纳塔尼埃尔案例"的最初布局。在作家表现为令他不安的想象产物背后，我们必须识别幻象的逻辑，以及它所掩饰的原初焦虑：小纳塔尼埃尔的阉割焦虑，这就是霍夫曼自己小时候所体验到的家庭场景的表达。

在《格拉迪沃》全书中也有同样的程式。一个年轻人爱上了石头人像和梦中的女子，以至于他见到了真实的女人，只能将她们看成那个古代石像人物的鬼魅般的浮现，在这个年轻人的"武断决定"和虚幻故事背后，弗洛伊德试图重构诺贝尔·汉诺德案例真实的病因：压抑与取代年轻的佐伊②

---

① *L'Inquiétant*, dans *Œuvres complètes*, Paris, PUF, 1996, t. XV, p. 165.
② 佐伊是《格拉迪沃》小说中男主角诺贝尔·汉诺德所爱上的一个邻家女孩，实际上，佐伊的全名叫作佐伊·柏特冈（Zoé Bertgang），其中 Bertgang 的德语意思就是独行女孩。步入少年后，日渐萌动的性欲困扰着男主角。于是，他刻意远离佐伊和其他所有女性，甚至无视她们的存在。然而，在参观一座博物馆的过程中，当汉诺德看到浮雕上的一名古代女子时，他立即就被她那轻盈的步态和左足特定的姿势所吸引。他设法弄到了浮雕的复制品，挂在自己的房间，并为这个年轻女子取名"格拉迪沃"（独行女子）。这个年轻的古罗马神秘女子逐渐占据了他的心灵，由此产生的吸引力使他欲罢不能。一天晚上，他梦见自己在维苏威火山爆发前不久来到了庞培，并遇见了格拉迪沃：梦中他告诉她火山将要爆发的危险，但无济于事。醒来之后，因被自己无意识的炽热欲望所触动，汉诺德动身前往庞培。——译注

(Zoé)那成熟的性魅力。这个修正不仅仅是将他推理建立在虚构创造的"真实"存在的既定事实的基础上,而且更为重要的是,它需要一种梦的解析,相对于弗洛伊德自己的科学原则,这个解析显得有点幼稚。事实上,将梦中人物变成真实的对应物,其中所隐含的信息是:**你必须喜欢格拉迪沃,因为事实上她就是你所喜欢的佐伊**。这个概括说明了,这里存在着某种东西,它不能仅仅将虚构还原为临床症状。弗洛伊德甚至怀疑,是什么让医生对症状感兴趣,这就是物欲化的情欲。他进而忽视了对于临床实践和如皮格马利翁①(Pygmalion)所代表的神话史的关系(即漫长的神话的历史),学者们感兴趣的是什么,皮格马利翁爱上了他实际拥有的人物形象和梦想。似乎弗洛伊德只对一样东西感兴趣:重构情节之中的线性因果链条,即便这让他参照了无法验证的诺贝尔·汉诺德的小时候的事实。在修正版的对汉诺德案例的解释中,他反对这样的状态,即詹森的书导致了文学的"创新"。他的驳斥有两个基本的和补充性的要点:首先,作者肯定他所描绘的幻象都只是谬误性想象的创造。其次,作者赋予他故事中的道德,即在血肉之躯,在古老平庸的德意志人那里的"真实生活"

---

① 皮格马利翁是希腊神话中的塞浦路斯国王,善雕刻。他不喜欢塞浦路斯的凡间女子,决定永不结婚。他用神奇的技艺雕刻了一座美丽的象牙少女像,在夜以继日的工作中,皮格马利翁把全部的精力、全部的热情、全部的爱恋都赋予了这座雕像。他像对待自己的妻子那样抚爱她,装扮她,为她起名加拉泰亚,并向神乞求让她成为自己的妻子。爱神阿芙洛狄忒被他打动,赐予雕像生命,并让他们结为夫妻。——译注

的胜利，通过同音异义的 Zoé 一词的发音，来嘲笑学究诺贝尔·汉诺德的愚蠢，让其单纯而可笑的日常状态对立于他理想主义的梦幻。作者坚持认为他想象的自由显然就是谴责他的主角人物的梦境的自由。我们可以用弗洛伊德的一个词语来总结这个体系，即凝结作用（désublimation）。如果这里存在着凝结作用，那么也是小说家，而不是精神分析师的凝结。在幻象性事实方面，凝结作用对应的是作者的"不够严肃"（absence de sérieux）。

将虚构状态还原为并不实存的病理上的性的"事实"，在这个还原背后，是对混淆虚构与真实的驳斥，而这个混淆构成了小说家们创作实践和话语的基础。小说家们坚持认为幻象就是作者幻想的产物，并以真实原则的名义来驳斥其人物的梦境，他们想当然地认为自己可以在真实和虚构的两侧边界间自由穿梭。弗洛伊德的第一个兴趣就在于用清晰明白的故事来反对模糊不清的说法。判断所有简略解释的重点在于，将恋爱情节等同于因果合理性的图示。弗洛伊德感兴趣的并不是最终的动因——即回溯到诺贝尔·汉诺德童年的无法检验的压抑——而是像这样的因果链条。故事到底是真实的还是虚构的，关系不大。关键在于，故事要清晰，反对像浪漫主义那样，让虚构与真实难辨真伪，可以颠来倒去，这就设定了一个亚里士多德式的行为和知识的布局安排，最终走向了认知事件。

第七章　细节的不同用途

在这里，弗洛伊德的解释和审美革命之间的关系变得越来越复杂。精神分析有可能站立在艺术体制的基础上，这种体制废除了再现时代的良序情节的正当性，转而认可对知识的激情的合法性。但弗洛伊德在审美无意识的架构中，做出了非常明确的选择。他优先考察并规定了第一种形式的默然言说，即作为历史痕迹的症候，对立于另一种默然言说形式，即无意识和无意义生命中的无名之声。这个对立导致了弗洛伊德试图重新把握在古老的再现逻辑中浪漫主义式的语言和激情的等价关系。我们可以在他论米开朗基罗的摩西雕像的文章中找到一个典型的例子。事实上他分析的对象非常单一。弗洛伊德在这里并没有像他在论莱昂纳多·达·芬奇的文章中那样，用一条注释来谈幻象。他谈到了一部雕塑作品，他说他曾返回去看了这部作品很多遍。他确立了作品在视觉上受关注的那些细节，与精神分析更关注的"无意义"的细节之间是一致的。我们知道,文章讨论这个关系的过程,有着大量的参考,并给出无数的评论:参考了莫雷利(Morelli)/勒莫列夫(Lermolieff),这个医生成为艺术作品领域的专家,也是一种在细小和难以企及的细节基础上辨识艺术作品方法的发明者,而这些细节揭示了艺术家的个人品位。于是,解读作品的方法等同于探寻动因的范式。但这种从细节入手的方法本身有两种实现方式,这两种方式分别对应于两种审美无意识的形式。一方面是痕迹的模式,让痕迹说话,在其中解读历史沉淀下来的痕迹。在一篇非常有名的文本中,卡尔洛·金兹堡①(Carlo Ginzburg)已经说明了参照莫雷利的"方法",将弗洛伊德的解释纳入指示性的宏观范式(le grand paradigme indiciaire)之下,这种范式在痕迹的基础上重构历史过程。② 但还有另一种模式,这种模式不再将"无关紧要"的细节视为一个可以重构历史过程的痕迹,而是视为无法关联起来的真相的直接印记,它们就印刻在作品的表面上,这些印记的出现,会消解精心布局的故事的逻辑,消解各个元素的理性构成。这就是第二种分析细

---

① 卡尔洛·金兹堡(1939—):著名的意大利历史学家,他的研究领域是微观历史领域。他最为著名的著作是1976年出版的《奶酪与蛆虫》(*Il formaggio ei vermi*),这本书考察了意大利美诺乔(Menocchio)地区的异教信仰传统。——译注
② Carlo Ginzburg, « Traces. Racines d'un paradigme indiciaire », dans *Mythes, emblems, traces*, Paris, Flammarion, 1989, p. 139-180.

节的模式，某些艺术史家反对潘诺夫斯基①（Panofsky）在再现的历史和阐释的文献基础上赋予绘画分析的优先地位。这场争论，之前是路易·马兰②（Louis Marin），后来是乔治·迪迪-于贝尔曼③（Georges Didi-Huberman），他们在弗洛伊德的权威的荫庇之下——而弗洛伊德是受到莫雷利的影响——将弗洛伊德视为一种模式的奠基人，这种模式将绘画的真理定位在个人作品的细节当中：在乔尔乔内④（Giorgione）的《暴风雨》（*Tempête*）中那些无关紧要的断

---

① 埃尔文·潘诺夫斯基（1892—1968）：美国德裔犹太学者，著名艺术史家。他在图像学领域做出了突出贡献，影响广泛。1921年，他在汉堡大学任编外讲师；1926年，在该校升任教授；自1931年起往返于大西洋两岸，担任德国和美国的艺术史教授；1933年被纳粹政府解雇，自此留在美国担任纽约大学和普林斯顿大学艺术史教授。当时美国对西方艺术史的研究刚刚起步，由于潘诺夫斯基和其他移民学者的努力，这项研究才得到了长足的发展。从1935年起，他在享有学术共和国之誉的普林斯顿高级研究所任研究员，1962年退休后又担任纽约大学的教授。他是20世纪伟大的艺术史家之一，是最后一位黑格尔派哲学家，也是20世纪后期的艺术史家应当回归的典范。——译注

② 路易·马兰（1931—1992）：法国哲学家、历史学家、符号学家、艺术批评家，也是法国后结构主义思想家。马兰的写作兴趣非常广泛，包括语言学、符号学、神学、哲学、人类学、修辞学、艺术学和文学史。但马兰最关心的问题是17世纪的法国文学和艺术，尤其是帕斯卡、普桑、尚帕涅等人的作品。——译注

③ 乔治·迪迪-于贝尔曼（1953— ）：法国哲学家和艺术史家。他任职于法国巴黎社会科学高等学院（EHESS），提出潘诺夫斯基的图像学与其恩师瓦堡的理论的根本不同，企图从瓦堡对"情感定式"（pathosformel）中寻找一种图像通过其症状遗存下自身印迹，在跨时间与跨文化的流传中不断长存的图像症状史。——译注

④ 乔尔乔内（1477—1510）：意大利文艺复兴艺术大师。威尼斯画派画家。乔尔乔内的作品富有艺术感性和想象力，诗意的忧郁。他的作品构图新颖，造型柔和，色彩具有丰富的明暗层次，人物与风景背景结合得体，他的艺术对提香及后代画家影响很大。乔尔乔内的代表作有《暴风雨》和《沉睡的维纳斯》。——译注

柱，或者安吉利科①（Fra Angelico）的《忧郁的抹大拿》（Madone des ombres）中地面上模仿大理石的彩色斑点。②这些细节都充当部分对象（objet partiel）和片段，它们不可能被综合为一个总体，从而消解了再现秩序，让不能在个体历史中找到，只存在于两种秩序之间的无意识真相得到合法化：象征（figuratif）之下的形象（figural），被再现的可见物（visible）之下的图像（visuel）。但今天精神分析对绘画及其无意识解读的贡献，恰恰是弗洛伊德不想做的事情。他不会关心所有美杜莎的头，这些头都是阉割的标志，如此众多的当代评论家试图从霍洛芬尼斯③（Holo-

---

① 安吉利科（1400—1455）：意大利佛罗伦萨的画家和多明戈会修士。1417—1425年间，他在菲耶索莱成为圣多明戈修道院的修士，在那里开始他的艺术生涯，画装饰画手抄本和祭坛画。他受马萨乔运用建筑透视法的影响很大。早期的杰作是一巨幅三联画《亚麻布商人祭坛画》，是为亚麻布商人行会绘制的，镶在雕刻家吉贝尔蒂（Ghiberti）设计的大理岩圣坛中。最有名的作品是在佛罗伦萨圣马可修道院的湿壁画，以及梵蒂冈教皇尼古拉五世礼拜堂里的湿壁画。他是15世纪最杰出的湿壁画家之一，影响了一批大师级画家如菲利普·利皮（Fra Filippo Lippi）、学生包括戈佐利（Gozzoli）等。——译注

② Louis Marin, *De la représentation*, Paris, Gallimard/Le Seuil, 1994, et Georges Didi-Huberman, *Devant l'image*, Paris, Minuit, 1990.

③ 霍洛芬尼斯是《圣经》中提到的亚述的统帅，根据天主教核定的英文版《圣经》中的《朱迪斯纪》，以色列女英雄朱迪斯在亚述大军围攻其乡伯图里亚（Bethulia）时，与她的女仆潜入亚述军营，获得了亚述统帅霍洛芬尼斯的信任与爱慕，后来在赫罗佛尼斯醉酒之后将其刺杀，斩下敌军元帅的首级之后与女仆返回伯图里亚。亚述军队也因主帅遇刺而溃败。朱迪斯和霍洛芬尼斯的故事是很多欧洲艺术家喜欢的题材，因而，大量关于朱迪斯和霍洛芬尼斯的绘画、雕塑、戏剧作品被创作。——译注

pherne）和施洗约翰①（Jean-Baptist）的头颅中，在吉内薇拉·达·班琪②（Ginevra de Benci）头发里细节或《达·芬奇笔记》中描绘的漩涡草图中发现这些阉割的标志。

很明显，如路易·马兰所实行的对达·芬奇的精神分析，与弗洛伊德的精神分析并不相同。或许可以认为，弗洛伊德通过他所倚重的方式，在细节中所关联的是另一种绘画和雕塑形象的真理，即独特主体、症候或幻象的历史中的真理，他发现了艺术家的创作的母体幻象（le fantasme matriciel），而不是艺术的无意识造型秩序。不过，摩西雕像的例子，与他的解释相悖。雕像事实上是他感兴趣的东西，他感兴趣的原则就是震惊。对双手的位置以及胡须的细节的长篇分析，并没有揭示任何米开朗基罗孩提时期的秘密，或经过加密的无意识思想。他提出的反而是一个更为经典的问题：米开朗基罗的雕像究竟代表着圣经故事中的什么秘密？这是否真的是摩西之怒？他是否正在将《摩西十诫》摔落在地？在这里，弗洛伊德尽可能与路

---

① 一般来说，施洗约翰指的是撒迦利亚和以利沙伯的儿子，因他宣讲悔改的洗礼，而且在约旦河为众人施洗，也为耶稣施洗，故得此别名。但在这里朗西埃所说的是达·芬奇的名画《施洗约翰》，画作取材于圣经中的人物：布道者约翰奉上帝之命，将为耶稣施以洗礼，当他舀起约旦河的圣水为耶稣洗礼时，天空突然豁朗，有一鸽子形状的圣灵显现在被启开的天空中。从此约翰紧随耶稣布道，得名"施洗约翰"。画面上，漆黑的背景上，施洗约翰上身裸露着，而整个身子没入黑暗里，只有从右肩到手臂、脸部、右手以及隐约可见的左手，暴露在照明之中。施洗约翰头发很长，宛如一个青年牧羊人，他一手拿着十字架，一手指向天空，脸上露出狡黠而神秘的微笑。——译注

② 吉内薇拉·达·班琪是15世纪佛罗伦萨的一位贵族。她因睿智而广受同时代人的敬仰。达·芬奇为她创作了一幅肖像画。——译注

易·马兰的分析保持距离。我们甚至可以说，在沃林格①（Worringer）（沃林格试图将不同的视觉秩序同主流的心理学特征关联起来）与潘诺夫斯基（他让对形式的辨识隶从于主体和时代的再现秩序）之间争论中，弗洛伊德事实上站在了潘诺夫斯基一边。在更为根本的层面上，他对细节的关注，参照的是再现秩序的逻辑，在再现秩序下，灵活可塑的形式都是对叙事行为和特殊的绘画主题的模仿，而这种关注细节的方式，就是对"孕育因素"（moment prégnant）的再现，而"孕育时刻"浓缩着运动和行为的意义。弗洛伊德从右手和《摩西十诫》的位置演绎得出这个"孕育时刻"。这并不是摩西准备对那些膜拜者发出怒火的时刻。对弗洛伊德来说，这是被克制住的怒火，在那一刻，他右手捋着胡须，再次紧紧抓住《摩西十诫》。当然，我们在《圣经》的文本中找不到这一刻。弗洛伊德在理性主义解释的名义下加上了这一时刻，即人是自己的主人，超过嫉妒心十足的上帝的奴仆。最后，对细节的关注也可以用来识别摩西的立场，从而证明了意志的胜利。弗洛伊德解释的

---

① 威廉·沃林格（1881—1965）：德国艺术史学家，他因为提出了关于抽象艺术的学说而广为人知，他与德国表现主义和先锋艺术运动之间的关系也十分密切，此外，他的思想对英国早期的现代主义，尤其是对旋涡主义产生了很大影响。沃林格的代表作品是《抽象与移情》，在这个基础上，他提出了著名的"抽象主义"理论。——译注

米开朗基罗的摩西雕像就像温克尔曼①（Winckelmann）谈论的《拉奥孔》②（Laocoon）一样，即表达了古典式的严肃相对于情感的胜利。在摩西的例子中，理性征服了宗教式的激情。摩西是用秩序征服情感的英雄。至于是否像某种传统一样，对于这位精神分析的教父而言，罗马石雕所再现的东西，就如同他自己针对那些背叛他的不肖弟子们的态度，这一点并不太重要。这不仅仅是在氛围之下的自我描述，这座摩西雕像再现了有代表性的时代的古典场景：无论它是出现在悲剧舞台上，还是出现在意大利歌剧（opera seria），或者历史绘画之中，这是由一位罗马英雄所体现的意志和意识的胜利，这位罗马英雄重新掌控了他自己和全宇宙：要么是布鲁图斯③（Brutus），要么是奥古斯

---

① 温克尔曼（1717—1768）：德国作家和历史学家。他出生在普鲁士小镇史丹达的一个穷苦鞋匠家庭。温克尔曼开辟了一条以造型艺术为主要研究对象的美学新途径，从观察古代艺术理想得到启发，替艺术欣赏养成了一种新的敏感，战胜了庸俗的目的论和纯模仿的自然主义，很有力地主张要在艺术作品和艺术史里找出艺术的理念。在温克尔曼以前，美学很大程度上是诗学，即以文学为主要研究对象。——译注

② 《拉奥孔》，大理石群雕，高约184厘米，是希腊化时期的雕塑名作，现收藏于罗马梵蒂冈美术馆。据考证，系阿格桑德罗斯和他的儿子波利佐罗斯同阿典诺多罗斯三人于公元前一世纪中叶制作，1506年在罗马出土，震动一时，被推崇为世上最完美的作品。意大利杰出的伟大雕塑家米开朗基罗为此赞叹说"真是不可思议"；德国大文豪歌德认为《拉奥孔》以高度的悲剧性激发人们的想象力，同时在造型语言上又是"匀称与变化、静止与动态、对比与层次的典范"。——译注

③ 布鲁图斯（前85—前42）：罗马共和国的一名元老院议员。作为一名坚定的共和派，他联合部分元老参与了刺杀恺撒的行动。——译注

都皇帝；要么是西庇阿（Scipion），要么是提图斯①（Titus）。一旦化身为胜利的意识，与弗洛伊德的摩西相对立的不是那些膜拜者或异议分子，而是那些终日无所事事，沉湎于无法解释的幻象之中的家伙们。当然我们可以看一下米开朗基罗的挚友莱昂纳多·达·芬奇，这个撰写笔记和画草图的家伙，一千多种未能实现计划的发明家，一位从不打算画出个体化的人物形象，总是画着同样微笑的画家，一言以蔽之，达·芬奇恰恰是一个沉湎于自己的幻象，并与自己的父亲保持着同性恋关系的人。

---

① 提图斯（41—81）：罗马帝国弗拉维王朝的第二任皇帝，79—81年在位。提图斯以主将的身份，在公元70年攻破耶路撒冷，大体上终结了犹太战役。在他短暂两年的执政期间，罗马发生了三件严重灾害：79年的维苏威火山爆发、80年的罗马大火与瘟疫。他在当时是一个普遍受到人民爱戴的皇帝。——译注

第八章　两种类型药物的冲突

还有另外一种类型的"石头雕像"对立于经典摩西的形象,即《格拉迪沃》的浮雕。弗洛伊德判断说,石雕形象的步态与鲜活的青年女子的步态是一样的——都在庞培(Pompéi)古城①遇到了佐伊(Zoé)——这就是诺贝尔·汉诺德案例的表达中唯一"创造出来的"和"专断的"因素②。我会很开心地谈着相反的。青年罗马女子的优雅步态是由腾空跃起和脚触及地面的动作所组成的,这个鲜活动作和宁静地休憩的表现,不仅仅是詹森头脑中独自创造

---

① 庞培古城,位于意大利肥沃的小平原——坎帕尼亚的边缘,萨尔诺河的入海口附近。公元前8世纪建城,公元前5世纪起属于萨莫诺人。公元前4—公元前3世纪,经过三次罗马人与萨莫诺人的战争,庞培成为罗马共和国的一部分,逐渐成为典型的罗马人的城市。庞培城是一个面积只有1.8平方公里的小城,四周有坚固的石砌城墙围绕,城墙四周的总长度为4800米,有八座高大的城门。城内有石块铺成的大街小巷,有笔直的马路,两层楼的长方建筑物,建筑物前面饰有精制雕像的水池,供奴隶主们使用的舒适浴室。还有一座可容两万观众的角斗场和一座体育场。庞培古城,反映出公元1世纪时古罗马的发展盛况,庞培古城的发现,为人们留下了一座研究古罗马的历史博物馆。——译注

② *Délire et rêves dans la Gradiva de Jensen*, op. cit., p. 148.

出来的东西。相反，我们可以清晰地看到，在希勒和拜伦、荷尔德林和黑格尔的时代里，这个人物形象已经被欣赏了上百次。这就是雅典娜神殿横梁浮雕和希腊石棺上的刻尔①（Kore）的步态，这个时代建基于感性共同体的新观念的梦想上，在那个时代里，生活即艺术，艺术即生活。在那个时代，不止一个年轻学者沉湎于某种理论上的幻想，无论是悲剧幻想还是喜剧幻想，诺贝尔·汉诺德只是其中的受害者之一：雕像的生命律动，衣袂飘逸，步伐翩若惊鸿，这就是生命共同体的理想世界的实现。"幻想主义者"詹森仅仅是自我陶醉于古代石雕中的梦寐以求的"生活"，用他那小资产阶级的粗陋，期待着一个即将来临的共同体：邻人们，是锁在窗子里的金丝雀，又在街头巷尾匆匆而过。石头幻化而成有生命的爱人，在意大利，堕入庸碌乏味的生活当中，变成小气自私的邻居，也陷入小资产阶级蜜月中的平淡无奇。弗洛伊德的解释对立于佐伊的治疗，他仅仅是以这种方式清除了梦想，没有为情感的净化（katahrsis）留下任何空间。他谴责幻想主义者与梦境那庸碌乏味的目的之间的媾和。这种谴责本身并不新鲜。我们或许记得，在黑格尔的《美学教程》中，黑格尔谴责了让-

---

① 刻尔，也叫作珀耳塞福涅，她是希腊神话中冥界的王后，主神宙斯和大地之神得墨忒耳的女儿。冥王之神哈得斯的妻子，刻尔越快乐，大地的花朵就越绽放；越悲伤，大地就越一片荒芜，花朵渐渐枯萎。其母亲经过太阳神阿波罗的协调，及宙斯的出面处理，终于找回刻尔，但在哈得斯的设计下吃了四颗石榴籽，注定每年要回地狱四个月，因此人间才开始有了分明的春夏秋冬四季。——译注

保罗和蒂克的专断的和"奇思怪想"的角色，这些角色最终是与资产阶级生活的低俗相对应的。在两个例子中，都是"幻想主义者"对浪漫式的才智的滥用。但在随后不久，发生了一个根本性的逆转。黑格尔将主观的轻浮的才智，同实质上的心灵实在对立起来。弗洛伊德谴责幻想主义者，认为他们没有认识到让才智起作用的实质所在。黑格尔最初的关注，将一个空洞的"自由"主体性的形象搁在一边，而回到其反复进行的自我肯定。弗洛伊德面对审美无意识的新发展，首先试图质疑某种客观性的观念，即"生命智慧"所概括的客观性观念。在微笑的佐伊·柏特冈（Zoé Bertgang）的案例中，在"幻想主义者"威廉·詹森的例子中，这种智慧看起来可以给人很好地慰藉。但这并不是19世纪晚期文学性的"药物"所阐明的另一种"治愈"，另一种"梦的终结"的情况。在这里，我们或许可以考察两种典型的小说，一种小说是由医生的儿子发明的，另一种则是将医生当成小说中的英雄。第一种是《情感教育》[①]（*L'Éducation sentimentale*）的结尾，造访土耳其（Turque）

[①] 《情感教育》是法国伟大的小说家居斯塔夫·福楼拜的代表作之一。该小说成功地塑造了一个走向精神幻灭的人物形象弗雷德里克·莫罗。弗雷德里克的悲惨人生经历也表明了虚无主义所带来的危害。弗雷德里克产生精神幻灭的原因是沉湎在失恋的世界当中，最终他发现自己恋慕的只是逝去的自我。主人公弗雷德里克所产生的精神幻念，实际上也是很多年轻人可能曾经迷茫和失落的真实写照，至今在真实的世界里仍然存在。幻灭是一种成长，也是幻灭太迟，结局就如同弗雷德里克一般，陷入无边的痛苦之中。因此，对待内心世界的幻想，让人们自己真正感受世界的真实与虚伪，才是真正理解人生的方式。这也是福楼拜通过主人公弗雷德里克的人生悲剧所阐发的一个重要的思考，对于人性的弱点是一种深刻的批判。——译注

地区的妓院的失败经历,在理想主义的希望和现实主义的雄心同时破灭之后,那里代表着弗雷德里克(Frédéric)和德斯洛耶(Deslaurier)生活中最好的一面。毫无疑问,左拉的《帕斯卡医生》①(Docteur Pascal)的结尾是更为重要的例子,它仍然是整个卢贡-马卡尔家族②(Les Rougon-Macquart)及其道德的结论。其道德是单一的,简单来说:《帕斯卡医生》重述了老医生(他也是家族族谱的编写者)与其侄女克洛蒂尔德(Clothilde)之间的不伦爱恋。在书的最后,即帕斯卡医生去世了,克洛蒂尔德用母乳哺育着二人在前医生办公室里不伦之恋结出的果实,这个办公室已经变成了育儿所。这个孩子,没有任何文化上的禁忌,举起他的小拳头,不是搏出一个光辉灿烂的未来,而仅仅是打出生命之中那种盲目而粗野的力量,保持了生命的永恒。生命的胜利,得到的是一个平庸无奇的甚至乱伦生育出来的结果的保障,它代表着詹森那震撼人心的幻象的"严肃"而丑陋不堪的版本。左拉的道德代表着弗洛伊德所

---

① 《帕斯卡医生》是左拉的代表作之一,乡村医生帕斯卡经年潜心研究医学,探索生命的奥秘。他的侄女克洛蒂尔德青春貌美,从小是医生把她抚养成人。此刻她却沉溺于宗教,视科学为异端。叔侄两人形同路人,互相仇恨,意料之外,一老一少相爱了,如痴如醉,神魂颠倒,地老天荒。生命的力量战胜了以往的一切。——译注

② 卢贡-马卡尔家族是左拉创造的一个小说大系,是继巴尔扎克《人间喜剧》之后另一法语小说大系,共包括20部长篇小说,是自然主义文学的丰碑。这些小说既自成一体,又相互联系,约1200个人物跃然其中,血缘关系是联系主要人物的纽带。这部小说以卢贡-马卡尔家族前后五代人的人生轨迹为线索,宛然一套第二帝国社会的百科全书,题材之广泛,几乎涉及法兰西第二帝国时期的方方面面,包括大量法国上流社会、工商金融界的黑暗与腐败。——译注

拒斥的"败坏"的乱伦:之所以败坏,并不是因为它撼动了道德,而是因为它远离了那些基于因果关联(基于罪责)的好的剧情,因此也远离了所有解放性知识的逻辑。

我并不知道弗洛伊德是否读过《帕斯卡医生》。不过,他肯定读过左拉同时代人易卜生的作品,易卜生写作了大量关于灵魂问题、孩提秘密、治疗、忏悔、康复的典型故事。在题为《精神分析所揭示的几个人物类型》(*Quelques types de caractères dégagés par la psychanalyse*)文章中,弗洛伊德分析了易卜生的戏剧《罗斯莫尔庄园》。这个文本研究了一个矛盾的病人群体,他们都反对理性的精神分析的治疗:其中一些人是因为他们拒绝满足,拒绝让快乐原则从属于现实原则,而另一些人则相反,因为他们逃离了自己的成功,拒绝在任何一个他们可以得到的时刻获得满足,这时,我们已经不能再用不可能性或逾矩(trangression)这样的印记来表示他们。有一位年轻女士,长期以来一直筹划着她的婚姻,而一位教授,即将获得他长期筹谋的教椅,而他逃离了他事业上的成功。弗洛伊德的解释是,成功的可能性会导致一种无法控制的罪恶感的侵蚀。在这一点上,他从两个著名戏剧中给出了例子:《麦克白》(*Macbeth*),当然还有《罗斯莫尔庄园》。因为易卜生的戏剧没有莎士比亚的戏剧有名,我们还是有必要概括下戏剧的剧情。背景定位于一个挪威小镇郊区的古老庄园里,扼守着一个峡弯。在这座庄园里,只有一座步行桥跨越在汹涌的波涛之上,与外面的世界相连。庄园里，前牧师罗斯莫尔（Rosemer）生活在那里，他继承了地方贵族的庞大基业。在戏剧开演的一年之前，他的妻子，染上了精神疾病后投水自杀。同在这片庄园里，还生活着女管家丽贝卡（Rebecca），在她养父维斯特先生过世之后，她就来到这里。在她的母亲死后，自由思考的维斯特先生就一直教导着丽贝卡，让她去追求自由的思想。罗斯莫尔与这位年轻女士一起生活会有两个结果。其一，前牧师皈依自由思想，这是他公开承认的东西，但会让他堂兄——克罗尔（Kroll）校长，也是当地地方党派的领袖，感到难堪。其二，他与丽贝卡的知识共同体变成了爱恋，他向丽贝卡求婚。但丽贝卡在短暂的鱼水之欢之后，宣布她们之间的婚姻是不可能的。而此时，克罗尔校长来到了庄园，向他的堂弟揭露他的妻子是自杀的，又向丽贝卡揭露她是私生女：事实上，她就是她"养父"的女儿。丽贝卡强烈地拒绝相信这一切。然而，她承认，是她向死去的夫人灌输了某种观念，驱使她走上绝路。那么，她准备离开庄园，在那一刻，罗斯莫尔先生再一次请求让她成为他的妻子。她又一次拒绝了罗斯莫尔先生，说她不再是一个雄心勃勃想要搬到大房子里住的女孩子了，而她悄无声息地除掉了挡住她路的夫人。如果在来往中，罗斯莫尔先生皈依了自由思想，她反而无法继续享受她获得的成功的喜悦。

在这里，弗洛伊德再一次用作者给出的修正解释的目标来介入其中,并重构了案例的真实病因。按照弗洛伊德的说法,丽贝卡所激发的道德理由纯粹是一个屏幕。这个女孩自己给出了一个更为可靠的理由:她有一个"过去"。在对揭露了她的身世那一刻她做出的反应的分析,我们很容易理解这个过去是什么。如果她如此强烈地拒绝承认她就是维斯特先生的女儿,如果揭露她的身世的结果,就是让她忏悔她的罪恶勾当,那么是因为,她就是这位所谓养父的恋人。承认乱伦,就激发了罪恶感,是这种乱伦,而不是她的道德皈依,成为阻碍她成功的拦路石。为了理解她的行为,我们必须重构出这部戏剧没有讲述的真相,除了模糊的含沙射影之外,也无法讲述出来的东西[1]。

当他将"真正"隐含的理由与女主角公开宣称的"道德"理由对立起来时,弗洛伊德忘记了,易卜生究竟用什么终极意义来引导丽贝卡的行为,他忘记了戏剧的结局,在结局中,道德的皈依和无法承受的罪责都不起作用了。丽贝卡的转变超越了善恶,它不是由皈依道德来体现的,它是由行为的不可能性,甚至是意愿的不可能性来展现的。丽贝卡不再希望有所行动,而罗斯莫尔先生不再想知道一切,故事以在特殊的神秘联合中结局了。他俩一起,快乐地走向那座步行桥,一起跳入那汹涌的大海中。这就是最终的知识与非知识的联合,是主动与被动的联合,完整地

---

[1] *Quelque types de caractères dégagés par la psychanalyse*, dans *Œuvres complètes*, Paris, PUF, 1996, t. XV, p. 36.

表达了审美无意识的逻辑。真正的治愈，真正的康复，就是叔本华式的掏空生命的意愿，然后自我跳入无意愿的原初之海中，这是"至高的祝福"，这是瓦格纳的伊索尔德（Isolde）所沉入的幸福，也是青年尼采归于新狄奥尼索斯胜利的幸福。

而弗洛伊德拒绝这种幸福。他反对推进符合因果关系的好的情节，即克罗尔校长所治愈的罪恶感的合理性。这并不是一个道德化的解释，而是跳入他反对的原初之海的"无辜清白"。在这里又十分鲜明地看到了弗洛伊德同审美无意识之间的暧昧关系：面对这种虚无主义，面对语言与激情的彻底的等同，在易卜生、斯特林堡和瓦格纳的时代里，这种等同成为终极真理，成为审美无意识的"道德"，在遭遇俄狄浦斯之怒之后，弗洛伊德在高乃依和伏尔泰所采取的最终立场面前退却了。为了反对激情，他试图重建好的因果关联，以及作为知识后果的实际美德。对于弗洛伊德来说，我们可以在易卜生的另一部"精神分析"类型的戏剧，即《大海夫人》（La Dame de la mer）中感受到问题所在，在戏剧中，旺格尔（Wangel）夫人一直受到无法抵抗的大海召唤的困扰。那时，她的丈夫允许她跟随过路的水手上路，她正是在这次召唤中认识了这位水手，而爱丽达（Ellida）一直谴责她的欲望。正如丽贝卡宣称，与罗斯莫尔先生的接触改变了她，丈夫给她的选择，让她自由。因为她可以选择，她就会与他待在一起。然而，这次作者的理由和解释者的理由正好彼此相反。弗洛伊德对角色的解释，认为旺格尔先生成功地"治愈"了他的夫人。不过，易卜生有一个预备性的注释，他将这种自由归为一种虚幻状态，他所给出的情节概括绝对是叔本华式的概括：

在高山的阴影下，在与世隔绝的千篇一律之中，生活显然是一种快乐，一种惬意，一种充实。那么所表达出来的观念是，这种生活是一种阴影下的生活。无须行为的功用，也无须为解放而斗争。只有憧憬和祝愿。这就是爽朗夏日之下所过的生活。以后……便走向黑暗。一种到外面的巨大世界中生活的憧憬油然而生。但是那样做会得到什么？随着环境的改变，心也随之改变，人的渴望、憧憬、欲求也都会随之改变……所有地方都会因此而受限。随后接踵而至的是忧郁，如同在人的整个生存和所有人的活动之上低声唱响的一首哀歌。爽朗的夏日后接踵而至的是黑夜……那就是全部……大海那无穷的魅力。对大海的渴望。人们亲近大海。被大海所缚。依赖于大海。也必须回到大海。……最大的奥秘就是人的意志依赖于"无意志的力量"（forces sans volonté）。①

---

① Ibsen, *La Dame de la mer*, dans *Œuvres complètes*, Paris, Plon, 1943, t. XIV, p. 244-245.

这样，北方的四季更替不等于再现幻觉的消失，变成不再意欲什么的意志的虚无。在这个案例中，弗洛伊德从旺格尔先生和大海夫人那里获得了大海的道德，对立于小说情节中的道德。

我们或许会认为这不过是时代的挑战。但这个"时代挑战"并非环境所致。弗洛伊德并不想挑战所处时代的精神中的意识形态——此外，当他开始撰写这些文本的时候，这些时代已经沦为过去。两个无意识版本的斗争，在社会温文尔雅、光彩夺人的表面背后所隐藏的两种观念的斗争，这两种观念都涉及文明的痼疾，都试图将之治愈。因为我们谈到了时代，一旦我们定位了一个时代，我们就会准确地注意到这一点。弗洛伊德的《米开朗基罗的摩西》写于1914年，而论易卜生的短文《魅影》写于1915年。我们离弗洛伊德著作中的转折点不远了，即《超越快乐原则》（*Au-delà du principe de plaisir*）提出死亡驱力所导致的转折。弗洛伊德解释自己著作中的转折，是从"创伤性神经症"（névrose traumatique）问题演绎出了死亡驱力。但这个认识也关系到1914年的世界大战所传递出来的乐观主义的看法，这种乐观主义引导了他精神分析的第一个发展时期，即简单地将快乐原则与现实原则对立起来。然而，我们有理由怀疑，这种解释并没有穷尽这个时期的意义。死亡驱力的发现也是这样一个阶段，在其精神分析形成初期的那个时代里，弗洛伊德长期且经常会纠缠于那个时期的一些迫切问题,从而掩盖了这一点:叔本华事物本身的无意识,以及让伟大的文学说回归这种无意识。若将这个世纪的文学概括为审美时代的文学,那么整个虚幻意志的小说传统的终极奥秘,就是保护生命的直觉为生命所保留下来的东西,恰恰就是通向"它"死亡的运动,"生命的守护者"事实上就是"死亡的仆役"。弗洛伊德不停地与这个奥秘搏斗。事实上,对"现实原则"的解释就是弗洛伊德对詹森、霍夫曼、易卜生情节的修正的中心。直接面对审美无意识,迫使他重现了汉诺德或纳塔尼埃尔案例中的真正的病因,以及《罗斯莫尔庄园》更好的结局,还有对摩西的正确态度,即理性平静地战胜了神圣激情。一切事物的发生,仿佛这些分析以各种方式抵抗着虚无主义之熵,而弗洛伊德在艺术的审美体制中发现了,并抵制虚无主义之熵,但在他对死亡驱力的理论思考中,也合法化了他的意志。

我们现在可以理解在弗洛伊德的审美分析与后来那些受他影响的人的分析之间的矛盾。后者的目的在于驳斥他的传记论(biographisme),以及他对艺术"形式"漠不关心。他们试图在特殊的绘画笔法中找到无意识的效果,这些笔法掩盖了许多象征性的细节,或者在文学文本中不能流畅说出的东西,它们标志着语言之中的"另一种语言"的行为。通过这种方式,将其理解为无法命名的真理的印记,或者大他者之力所带来的震撼,在原则上,无意识超越了充足感性的呈现。在《米开朗基罗的摩西》的开头，弗洛伊德提到了伟大作品的震撼，以及面对这种震撼在把握思想上的紊乱。"事实上，或许某个美学作者已经发现当一个伟大的艺术作品达到其最佳效果的时候，这种理智上的迷乱状态是一个必要条件。尽管我非常不情愿觉得我自己会相信这种必然性。"① 弗洛伊德分析的主要影响，他优先考察传记情节——无论是小说主角的经历，还是艺术家的经历——的理由，我们可以在如下事实中找到这个理由，即他拒绝将绘画、雕塑、文学的力量归结为这种迷狂。为了驳斥这种爱猜想的美学家的主题，弗洛伊德准备修正所有的故事，若有必要，甚至要重写那些神圣的文本。但对弗洛伊德来说，今天，提出假说的美学家实际上就是美学思想领域中的那些人。在一般规则上，他们正好所倚重的是弗洛伊德，弗洛伊德为他们的问题提供了基础，而弗洛伊德恰恰驳斥了这些问题，即他们将作品的力量归结为迷狂效果。在这里，我记得最特别的分析是让-弗朗索瓦·利奥塔②（Jean-François Lyotard）的分析，在他生命最后的

---

① *Essais de psychanalyse appliqué*, op. cit, p. 10.
② 让-弗朗索瓦·利奥塔（1924—1998）：当代法国著名哲学家，后现代思潮理论家，解构主义哲学的杰出代表。主要著作有《现象学》《力比多经济》《后现代状态》《政治性文字》等。利奥塔是后现代话语最具代表性的人物，同时也是当代法国后结构主义哲学的重要代表。他的哲学提供了一种不同于传统政治思想的选择，或者说，提供了一种对传统政治思想的批判，提醒人们在面对总体化时注意差异的根本重要性，也鼓励人们站在差异一边行动，而反对普遍标准和价值的不公正运用。利奥塔在《后现代状态》中着重探讨当代西方发达工业社会里的知识状态变化，试图以语言应用学（Pragmatics）观念与方法解释第二次世界大战之后的资本主义变异和危机症状。——译注

那一刻，利奥塔提出了崇高美学，而其三大支柱是柏克（Burke）、康德和弗洛伊德。① 利奥塔将美学的弱思想性与作为毁灭之力的绘画笔法对立起来。主体，被感知界（aistheton）的印记所废弃，而影响了赤裸灵魂的感性，正面对着大他者的力量，而大他者最终就是没有人可以见到的上帝的面庞，将观众放在了燃烧着的灌木丛之前的摩西的位置之上。为了反对弗洛伊德的崇高升华，利奥塔给出了崇高的印记，导致了不可还原任何语言的情感的胜利，最终，这种情感被等同召唤着摩西的上帝的力量。

那么，两种版本的无意识之间的关系，采用了特殊的十字交叉的形式。弗洛伊德的精神分析设定了一场审美革命，他废除了古典再现的因果秩序，将艺术的力量等同于语言与激情的对立统一。它提出了建立在默然言说的两个方面基础上的文学。但弗洛伊德在这个二元性中做出了选择。为了反对内在于无声言说力量中的虚无主义之熵，弗洛伊德选择了另一种默然言说的形式，即对象形文字的解释工作和治疗的希望。按照这个逻辑，他倾向于将"幻想"作品以及对它们的解码，等同于承认的古典情节，而审美革命废除的情节。这样，在艺术的再现框架中，他回归了旧体制拒斥的人物形象和情节结构，从而让审美革命处于他的掌控之下。今天，另一种弗洛伊德主义则反对他的回

---

① 参看 *L'Inhumain*，Paris, Galilée, 1988. 和 *Moralités postmodernes*, Paris, Galilée, 1993.

归。它们质疑了弗洛伊德的传记论，宣称他们更尊重艺术的特殊性。他们自己认为他们是一种更为激进的弗洛伊德主义，因为他们脱离了再现传统的秩序，与让俄狄浦斯成为可能的新艺术体制和谐一致，这个新体制既承认了反再现的艺术自律，也承认了其被迫他律性的本质，从而将主动与被动等同起来，其价值就在于证明了存在着某种力量，超越了主体，并让其自身撕裂。当然，为了做到这一点，他首先要依赖于1920年和1930年的《超越快乐原则》和其他文本，这些文本标志着弗洛伊德不再是对詹森、易卜生、霍夫曼的修正者，也不再崇拜让自己抑制住神圣怒火的摩西。这个计划需要在审美无意识的矛盾逻辑中，在默然言说的两极中做出一个决定，独立于弗洛伊德做出的选择。大他者无声言说的力量必须被激活为不能还原为任何解释的东西。这反过来需要假设一种整体的虚无主义之熵，即便其代价是将回归原初深渊中的幸福，变成大他者与大律法之间的神圣关系。那么弗洛伊德主义围绕弗洛伊德理论实现了一个转向，以弗洛伊德的名义来反对弗洛伊德，回到了弗洛伊德不断与之斗争的虚无主义。这个转向将自己视为对美学传统的拒绝[1]。但实际上，这或许是审美无意识玩弄弗洛伊德的无意识的最后把戏了。

---

[1] 参看利奥塔著名的文本《*Anima Minima*》，收录于 *Moralités postmodernes*, Paris, Galilée, 1993.

L'inconscient esthétique
DE JACQUES RANCIÈRE
Copyright © EDITIONS GALILEE 2001
Simplified Chinese edition arranged through DAKAI AGENCY LIMITED
Simplified Chinese translation copyright © Nanjing University Press Co., Ltd

江苏省版权局著作权合同登记　图字：10-2015-130号

图书在版编目(CIP)数据

审美无意识／［法］雅克·朗西埃著；蓝江译. ——南京：南京大学出版社，2020.1(2025.1重印)
(当代激进思想家译丛／张一兵主编)
ISBN 978-7-305-21149-2

Ⅰ.①审… Ⅱ.①雅…②蓝… Ⅲ.①精神分析学派-文集 Ⅳ.①B84-065

中国版本图书馆CIP数据核字(2018)第255147号

出版发行	南京大学出版社	
社　　址	南京市汉口路22号	邮　编 210093
丛 书 名	当代激进思想家译丛	
书　　名	**审美无意识** SHENMEI WUYISHI	
著　者	［法］雅克·朗西埃	
译　者	蓝　江	
责任编辑	张倩倩　张　静	
照　　排	南京紫藤制版印务中心	
印　　刷	南京爱德印刷有限公司	
开　　本	920mm×1194mm　1/32开　印张 2.5　字数 47千	
版　　次	2020年1月第1版　印次 2025年1月第6次印刷	
ISBN	978-7-305-21149-2	
定　　价	28.00元	

网址：http://www.njupco.com
官方微博：http://weibo.com/njupco
官方微信号：njupress
销售咨询热线：(025)83594756

＊ 版权所有，侵权必究
＊ 凡购买南大版图书，如有印装质量问题，请与所购
　 图书销售部门联系调换